111 FAITS
INCROYABLES
SUR LES
PLANTES

DÉCOUVERTES BOTANIQUES &
HISTOIRES INSOLITES

111 faits incroyables sur les plantes

INTRODUCTION

Bienvenue dans le monde fascinant des plantes !

Cet ouvrage est conçu pour vous emmener dans un voyage passionnant à travers les merveilles du règne végétal. Depuis les arbres géants qui s'élèvent majestueusement vers le ciel jusqu'aux plantes minuscules qui tapissent discrètement le sol, chaque espèce a ses propres secrets et particularités.

Dans cet ouvrage, nous avons rassemblé une sélection de faits incroyables et d'anecdotes amusantes pour éveiller votre curiosité et enrichir vos connaissances sur les plantes qui nous entourent. Vous découvrirez des informations surprenantes sur la façon dont certaines plantes se défendent contre les prédateurs, la manière dont elles s'adaptent à des environnements extrêmes, et les relations qu'elles entretiennent avec d'autres organismes. Vous apprendrez également des choses intéressantes sur les plantes que nous cultivons pour notre nourriture, nos médicaments et notre artisanat.

Ce livre est destiné à tous ceux qui s'intéressent à la nature et qui souhaitent en apprendre davantage sur le monde végétal. Que vous soyez un jardinier passionné, un randonneur curieux, un étudiant en biologie, ou simplement un amoureux de la nature, nous espérons que ces 111 faits incroyables vous émerveilleront, vous divertiront et vous inspireront à explorer davantage l'extraordinaire diversité des plantes.

Alors, préparez-vous à embarquer pour un voyage inoubliable à travers les merveilles du règne végétal. Ouvrez grand les yeux, laissez-vous surprendre et émerveiller, et surtout, profitez de cette aventure botanique !

111 faits incroyables sur les plantes

N°1 – LA PLANTE LA PLUS ANCIENNE CONNUE EST UNE ALGUE ROUGE ÂGÉE DE 1,2 MILLIARD D'ANNÉES.

L'histoire de la vie sur Terre est longue et complexe, et les plantes en font partie intégrante. Parmi les plus anciens organismes végétaux connus figure une algue rouge, datant de 1,2 milliard d'années. Les algues rouges, également appelées Rhodophyta, sont des organismes unicellulaires ou multicellulaires qui peuvent être trouvés dans divers habitats, allant des eaux douces aux eaux salées et des milieux intertidaux aux grandes profondeurs océaniques.

Leur couleur rouge provient de pigments photosynthétiques appelés phycoérythrines, qui leur permettent d'absorber la lumière du soleil et de réaliser la photosynthèse. Cette découverte importante a été faite grâce à l'analyse de fossiles bien conservés, qui ont révélé des structures cellulaires complexes et des parois cellulaires typiques des algues rouges. Ces fossiles montrent que les plantes ont une histoire évolutive beaucoup plus longue que ce que l'on pensait auparavant, et qu'elles ont été témoins de changements climatiques et géologiques majeurs au fil des milliards d'années. L'étude de ces organismes anciens aide les scientifiques à mieux comprendre l'évolution des plantes et leur rôle dans la formation de la vie sur Terre

.

N°2 - LA PLANTE CARNIVORE LA PLUS GRANDE, LA NEPENTHES RAJAH.

La Nepenthes rajah est une plante carnivore remarquable qui se distingue par ses grandes urnes, capables de contenir jusqu'à 3,5 litres d'eau. Originaire de l'île de Bornéo, en Malaisie, cette espèce fait partie du genre Nepenthes, qui comprend environ 170 espèces de plantes carnivores tropicales. La Nepenthes rajah attire, capture et digère divers organismes, principalement des insectes, mais aussi occasionnellement des petits vertébrés comme des rongeurs et des lézards.

Les urnes de la Nepenthes rajah sont en réalité des feuilles modifiées qui se développent à partir de vrilles. Ces urnes présentent un couvercle supérieur qui protège l'ouverture du piège et empêche la pluie de diluer les enzymes digestives et les substances qui attirent les proies. L'intérieur des urnes est recouvert de poils pointant vers le bas, rendant difficile pour les proies capturées de s'échapper. La digestion des proies permet à la plante d'obtenir les nutriments, notamment l'azote, qui font défaut dans les sols pauvres de son habitat naturel.

La Nepenthes rajah est une espèce menacée, principalement en raison de la perte de son habitat due à la déforestation et à l'exploitation forestière. La conservation de cette plante fascinante et de son écosystème est essentielle pour préserver la diversité biologique et mieux comprendre les adaptations étonnantes du monde végétal.

N°3 - LES TOURNESOLS SONT CAPABLES DE "SUIVRE" LE SOLEIL.

Le tournesol, Helianthus annuus, est une plante annuelle bien connue pour sa capacité à suivre la trajectoire du soleil dans le ciel, un phénomène appelé héliotropisme. Les tournesols appartiennent à la famille des Asteraceae et sont originaires d'Amérique du Nord. Leur nom scientifique, Helianthus, signifie "fleur du soleil" en grec, en raison de leur relation étroite avec l'astre solaire.

L'héliotropisme chez les tournesols est principalement observé chez les jeunes plantes, dont les tiges en croissance se courbent pour suivre la position du soleil de l'est à l'ouest pendant la journée. Ce mouvement est rendu possible grâce à la présence d'un mécanisme appelé "pulvinus", situé à la base du pédoncule floral, qui permet à la tige de se courber en réponse à la lumière. La nuit, les tournesols réinitialisent leur position en revenant vers l'est, se préparant ainsi pour le lever du soleil du lendemain.

Le suivi du soleil par les tournesols permet à la plante d'optimiser l'exposition de ses feuilles à la lumière du soleil, maximisant ainsi la photosynthèse et favorisant une croissance vigoureuse. De plus, il a été démontré que les tournesols qui suivent activement le soleil produisent des graines plus grandes et plus nombreuses que ceux qui ne le font pas. Ce phénomène naturel fascinant illustre la manière dont les plantes peuvent s'adapter pour tirer le meilleur parti de leur environnement.

111 faits incroyables sur les plantes

Le bambou est une plante étonnante qui détient le record de la croissance la plus rapide au monde. Certaines espèces de bambou peuvent en effet atteindre une croissance de 91 cm en seulement 24 heures. Le bambou appartient à la famille des Poaceae, qui comprend également des plantes comme le blé, le maïs et le riz.

La croissance rapide du bambou est en partie due à sa structure unique et à ses cellules spécialisées. Les tiges, appelées chaumes, sont composées de sections creuses renforcées par des parois épaisses et rigides. Cette structure permet au bambou de pousser rapidement en hauteur sans sacrifier la solidité et la stabilité. De plus, le bambou possède des méristèmes, des zones de croissance active, qui lui permettent de se développer continuellement sans avoir besoin de passer par des phases de dormance.

Le bambou est largement cultivé pour ses nombreuses utilisations, notamment la construction, la fabrication de meubles, de papier et de textiles, ainsi que pour ses pousses comestibles. Il est également considéré comme une ressource écologique durable, car il peut être récolté sans détruire la plante mère et se régénère rapidement. En outre, le bambou contribue à la séquestration du carbone et à la lutte contre la déforestation, étant donné qu'il peut être utilisé comme une alternative écologique aux bois durs traditionnels.

N°5 - LA PLUS GRANDE FLEUR DU MONDE SE NOMME LA RAFFLESIA ARNOLDII.

La Rafflesia arnoldii est une espèce de plante étonnante qui produit la plus grande fleur du monde. Cette fleur massive peut atteindre 1 mètre de diamètre et peser jusqu'à 11 kg. Originaire des forêts tropicales humides du sud-est asiatique, notamment en Indonésie, en Malaisie et aux Philippines, la Rafflesia arnoldii est une plante parasite qui se développe en puisant les nutriments de ses plantes hôtes, généralement des lianes du genre Tetrastigma.

La fleur de la Rafflesia arnoldii est constituée de cinq pétales épais et charnus, de couleur rouge foncé, marbrés de taches blanches. La fleur émet une odeur nauséabonde de chair en décomposition, qui attire les insectes pollinisateurs, tels que les mouches et les scarabées. La pollinisation est cruciale pour la reproduction de cette plante, car chaque fleur est soit mâle, soit femelle, et la pollinisation doit se faire entre deux fleurs différentes.

En raison de sa taille impressionnante et de son apparence inhabituelle, la Rafflesia arnoldii attire l'attention des scientifiques, des photographes et des touristes. Cependant, cette espèce est menacée en raison de la déforestation et de la perte d'habitat. La conservation des forêts tropicales est essentielle pour protéger la Rafflesia arnoldii et les nombreuses autres espèces uniques qui y vivent.

N°6 - LES ORCHIDÉES FORMENT L'UNE DES PLUS GRANDES FAMILLES DE PLANTES À FLEURS.

Les orchidées représentent l'une des plus grandes et des plus diversifiées familles de plantes à fleurs, avec plus de 25 000 espèces recensées et des dizaines de milliers d'hybrides cultivées. Les orchidées se trouvent dans presque tous les habitats, des forêts tropicales humides aux prairies alpines, et peuvent être terrestres, épiphytes (poussant sur d'autres plantes) ou lithophytes (poussant sur des rochers).

La beauté et la diversité des fleurs d'orchidées en font des plantes très prisées par les horticulteurs et les collectionneurs. Les fleurs d'orchidées sont composées de trois sépales et de trois pétales, dont l'un, appelé le labelle, est souvent spécialisé pour attirer les pollinisateurs. Les orchidées ont développé une variété de stratégies de pollinisation, y compris la production de parfums, l'imitation d'autres fleurs ou d'insectes femelles, et la production de nectar.

Les orchidées sont également connues pour leur capacité à former des associations symbiotiques avec des champignons du sol, appelées mycorhizes. Ces associations aident les orchidées à obtenir des nutriments et de l'eau, en particulier lors de la germination des graines et de la croissance des jeunes plantes. Les mycorhizes jouent un rôle crucial dans la survie des orchidées, en particulier pour les espèces qui poussent dans des environnements difficiles où les nutriments sont limités.

Les cactus sont des plantes fascinantes qui ont développé des adaptations uniques pour survivre dans des conditions arides et désertiques. Ils font partie de la famille des Cactaceae, qui comprend environ 1 500 espèces réparties sur les continents américains. Une des principales adaptations des cactus est leur capacité à stocker d'énormes quantités d'eau dans leurs tissus, leur permettant de résister à de longues périodes de sécheresse.

Les cactus sont souvent caractérisés par des tiges épaisses et charnues qui servent de réservoirs d'eau. Lorsqu'il pleut, les cactus absorbent rapidement l'eau disponible et la stockent pour une utilisation ultérieure. Cette capacité de stockage d'eau permet aux cactus de maintenir leurs processus métaboliques même lorsque l'eau est rare.

Les cactus ont également développé d'autres adaptations pour économiser l'eau, telles que la réduction ou l'absence de feuilles, qui sont remplacées par des épines. Les épines aident à réduire la perte d'eau par transpiration et fournissent également une protection contre les herbivores. De plus, les cactus utilisent un processus de photosynthèse appelé CAM (Crassulacean Acid Metabolism), qui leur permet de fixer le CO_2 pendant la nuit, réduisant ainsi la perte d'eau par transpiration durant les journées chaudes et ensoleillées.

111 faits incroyables sur les plantes

N°8 - LE PAPYRUS EST UNE PLANTE AQUATIQUE.

Le papyrus, une plante aquatique originaire d'Afrique du Nord et de la région méditerranéenne, a joué un rôle important dans l'histoire de l'humanité. Cette plante, Cyperus papyrus, appartient à la famille des Cyperaceae et se développe principalement dans les zones humides et les marécages. Le papyrus était essentiel dans l'Égypte ancienne, où il était utilisé pour fabriquer du papier, ainsi que pour diverses autres applications, telles que la construction de bateaux, de cordes et de sandales.

Le papier de papyrus était fabriqué à partir de la tige de la plante, qui possède une structure fibreuse. Les tiges étaient d'abord coupées en fines lanières, puis disposées en couches perpendiculaires. Ces couches étaient ensuite pressées et séchées, formant une surface solide et durable sur laquelle on pouvait écrire. Le papier de papyrus a été largement utilisé pour la rédaction de documents et de textes religieux jusqu'à ce qu'il soit progressivement remplacé par le parchemin et, plus tard, le papier moderne.

Aujourd'hui, le papyrus est cultivé pour son intérêt historique et décoratif, mais aussi pour ses propriétés écologiques. En tant que plante aquatique, le papyrus aide à filtrer les contaminants de l'eau et à stabiliser les berges, contribuant ainsi à la préservation et à la restauration des zones humides.

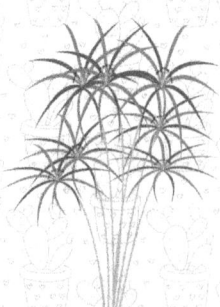

111 faits incroyables sur les plantes

N°9 - LES LÉGUMINEUSES ONT LA CAPACITÉ DE FIXER L'AZOTE ATMOSPHÉRIQUE.

Les légumineuses, qui font partie de la famille des Fabaceae, sont des plantes incroyablement importantes dans l'agriculture et l'écosystème. Elles comprennent des plantes telles que les pois, les haricots, les lentilles et les fèves. Une des caractéristiques les plus remarquables des légumineuses est leur capacité à fixer l'azote atmosphérique, un processus qui permet d'enrichir le sol en azote, un élément essentiel pour la croissance des plantes.

La fixation de l'azote est rendue possible grâce à une relation symbiotique entre les légumineuses et des bactéries spécifiques appelées rhizobia. Les rhizobia vivent dans des nodules situés sur les racines des légumineuses, où ils convertissent l'azote atmosphérique en ammoniac, une forme d'azote directement assimilable par les plantes. En échange, les légumineuses fournissent aux rhizobia des nutriments et un environnement protégé.

La capacité des légumineuses à fixer l'azote est essentielle pour l'agriculture durable, car elle permet de réduire la dépendance aux engrais azotés synthétiques, qui peuvent avoir des impacts négatifs sur l'environnement, tels que la pollution de l'eau et les émissions de gaz à effet de serre. Les légumineuses sont souvent utilisées dans les rotations de cultures pour enrichir le sol en azote et améliorer la fertilité, bénéficiant ainsi aux cultures suivantes.

N°10 – LA ROSE DE JÉRICHO PEUT PASSER DE L'ÉTAT DE "PLANTE MORTE" À UNE PLANTE VERTE EN QUELQUES HEURES.

La rose de Jéricho (Anastatica hierochuntica) est une plante du désert fascinante, connue pour sa capacité à survivre à des conditions extrêmement sèches. Originaire du Moyen-Orient et des régions désertiques d'Afrique du Nord, cette plante étonnante est capable de passer d'un état desséché et apparemment mort à une plante verte et vivante en seulement quelques heures après avoir été exposée à l'eau.

Lorsque la rose de Jéricho est privée d'eau, ses tiges et ses feuilles se dessèchent et se contractent, formant une boule compacte. Dans cet état, la plante peut survivre pendant des années, attendant patiemment les conditions favorables pour se réhydrater. Lorsque la plante est exposée à l'eau, ses tiges et ses feuilles absorbent rapidement l'humidité et se déploient, révélant une plante verte et vivante en quelques heures.

Ce mécanisme de survie, appelé réviviscence, permet à la rose de Jéricho de résister aux conditions extrêmes du désert. En se contractant en boule, la plante réduit sa surface exposée à l'air, minimisant ainsi la perte d'eau par transpiration. Cette adaptation remarquable lui permet également d'être dispersée par le vent sur de longues distances, car la boule compacte peut rouler sur le sol comme un tumbleweed, aidant la plante à coloniser de nouveaux habitats.

N°11 - LA DIONÉE ATTRAPE-MOUCHE EST CAPABLE DE CAPTURER ET DIGÉRER DES INSECTES.

La Dionée attrape-mouche, une plante carnivore fascinante, possède des pièges en forme de mâchoires qui lui permettent de capturer et de digérer des insectes. Cette plante inhabituelle, également connue sous le nom de Venus flytrap (Dionaea muscipula), est originaire des tourbières humides du sud-est des États-Unis. Elle tire son nom de la déesse romaine de l'amour, Vénus, en raison de la beauté et de la complexité de ses pièges.

Les pièges de la Dionée attrape-mouche sont constitués de deux lobes en forme de mâchoire, bordés de cils qui ressemblent à des dents. Lorsqu'un insecte se pose sur le piège, il touche les poils sensibles situés à l'intérieur des lobes. Si deux poils ou plus sont touchés en l'espace de 20 secondes, les lobes se referment rapidement, piégeant l'insecte à l'intérieur. Des enzymes digestives sont ensuite sécrétées pour décomposer et absorber les nutriments de la proie, principalement les composés azotés dont la plante a besoin pour se développer dans son habitat naturel pauvre en nutriments.

Cette adaptation étonnante permet à la Dionée attrape-mouche de prospérer dans des environnements où les nutriments sont limités, en tirant profit des insectes pour subvenir à ses besoins nutritionnels. La plante a suscité un vif intérêt auprès des chercheurs et des amateurs de plantes carnivores du monde entier.

111 faits incroyables sur les plantes

Les plantes du genre Selaginella, également appelées plantes "ressuscitées", possèdent une incroyable capacité à survivre à la déshydratation pendant des années et à repousser lorsqu'elles sont réhydratées. Ces plantes, qui appartiennent à un groupe très ancien de plantes vasculaires appelées lycophytes, sont capables de résister à des conditions extrêmement sèches en entrant dans un état de dormance.

Lorsque les plantes "ressuscitées" sont exposées à la sécheresse, elles perdent la plupart de leur teneur en eau et se recroquevillent, adoptant une apparence desséchée et brune. Dans cet état, elles peuvent survivre pendant des années sans eau, résistant aux températures extrêmes, aux rayonnements et à d'autres facteurs environnementaux. Lorsqu'elles sont à nouveau exposées à l'eau, elles absorbent rapidement l'humidité et reprennent leur croissance, repassant d'une plante "morte" à une plante verte et luxuriante en seulement quelques heures.

Cette capacité de survie remarquable est due à la présence de protéines spéciales appelées protéines de déshydratation tardive (DPs) et de sucres appelés tréhalose, qui protègent les cellules de la plante contre les dommages causés par la déshydratation. Les plantes "ressuscitées" sont étudiées pour leur potentiel en biotechnologie et en agriculture, car elles pourraient fournir des pistes pour développer des cultures résistantes à la sécheresse et à d'autres stress environnementaux.

N°13 - LES FEUILLES DE CERTAINES PLANTES RÉAGISSENT AU TOUCHER EN SE REPLIANT.

Le mimosa pudica, également connu sous le nom de sensitive ou plante sensitive, est une plante fascinante qui réagit au toucher en repliant rapidement ses feuilles. Cette réponse rapide à la stimulation mécanique est due à un processus appelé thigmonastie. Lorsque les feuilles sont touchées, des signaux électriques sont générés et transmis aux cellules situées à la base des folioles, ce qui provoque un flux d'eau hors de ces cellules. La perte d'eau entraîne un changement de turgescence, ce qui fait que les feuilles se replient.

Cette réaction au toucher est un mécanisme de défense contre les herbivores, qui peuvent être dissuadés de consommer la plante lorsqu'ils la voient bouger. La plante peut également réagir à d'autres stimuli, tels que la chaleur ou les vibrations. En se repliant, le mimosa pudica réduit également la surface exposée au soleil, ce qui peut aider à prévenir la déshydratation dans les environnements chauds et secs.

Le mimosa pudica est originaire d'Amérique du Sud, mais on le trouve aujourd'hui dans de nombreuses régions tropicales et subtropicales du monde. Son comportement inhabituel en fait une plante d'intérêt pour les chercheurs et les amateurs de plantes du monde entier.

N°14 - LA WELWITSCHIA MIRABILIS NE PRODUIT QUE DEUX FEUILLES AU COURS DE SA VIE.

La Welwitschia mirabilis est une plante étonnante et unique qui ne produit que deux feuilles au cours de sa vie. Originaire du désert de Namib en Afrique australe, cette plante est adaptée pour survivre dans des conditions extrêmement arides. Les deux feuilles, qui poussent continuellement depuis la base de la plante, peuvent atteindre des longueurs de plusieurs mètres et s'effilocher avec le temps à cause des vents desséchants du désert.

La Welwitschia mirabilis est une plante gymnosperme, ce qui signifie qu'elle produit des graines nues plutôt que des fleurs et des fruits. Elle possède un système racinaire profond qui lui permet d'atteindre les eaux souterraines, ce qui est essentiel pour sa survie dans un environnement aussi sec. La plante absorbe également l'humidité de l'air grâce à ses stomates, qui sont situés sur la surface inférieure de ses feuilles.

Les Welwitschia mirabilis sont extrêmement résistantes et peuvent vivre pendant des milliers d'années. Leur apparence étrange et leur longévité exceptionnelle en font un sujet d'étude et d'admiration pour les botanistes et les amoureux des plantes. En raison de leur rareté et de leur importance écologique, les Welwitschia sont protégées par la législation nationale en Namibie et en Angola.

N°15 - LES PLANTES PEUVENT COMMUNIQUER ENTRE ELLES.

Les plantes ont développé des moyens complexes de communication pour interagir avec leur environnement et d'autres organismes, y compris d'autres plantes. L'un de ces moyens est l'utilisation de signaux chimiques, tels que les phéromones. Ces molécules sont libérées par les plantes et sont détectées par d'autres plantes, qui peuvent alors modifier leur comportement en réponse.

Par exemple, certaines plantes libèrent des composés volatils lorsqu'elles sont attaquées par des herbivores. Ces composés peuvent servir d'avertissement pour les plantes voisines, qui peuvent alors renforcer leurs propres défenses chimiques pour se protéger contre les herbivores. De plus, ces signaux chimiques peuvent attirer des prédateurs ou des parasitoïdes des herbivores, contribuant ainsi à réduire la pression exercée par ces derniers.

La communication chimique joue également un rôle important dans les interactions symbiotiques entre les plantes et d'autres organismes, comme les champignons mycorhiziens et les bactéries fixatrices d'azote. Ces relations mutualistes sont cruciales pour la survie et le succès des plantes dans divers écosystèmes.

N°16 - LES ORCHIDÉES MYCOHÉTÉROTROPHES DÉPENDENT DE CHAMPIGNONS POUR LEUR NUTRITION.

Certaines orchidées, comme la Neottia nidus-avis, sont classées comme mycohétérotrophes en raison de leur dépendance à l'égard des champignons pour leur nutrition. Ces orchidées n'ont pas de chlorophylle et ne peuvent donc pas effectuer la photosynthèse pour produire leur propre nourriture. Au lieu de cela, elles dépendent des champignons souterrains pour leur apporter les nutriments dont elles ont besoin pour survivre et se développer.

Les orchidées mycohétérotrophes forment des associations étroites avec les champignons, dont les filaments (appelés hyphes) pénètrent les racines de l'orchidée. Les champignons obtiennent des nutriments en décomposant la matière organique dans le sol, et l'orchidée absorbe ces nutriments directement à travers les hyphes du champignon. En échange, l'orchidée fournit des sucres et d'autres composés organiques au champignon.

Les orchidées mycohétérotrophes sont souvent rares et difficiles à trouver en raison de leur petite taille et de leur mode de vie souterrain. De nombreuses espèces sont également menacées en raison de la destruction de leur habitat et de leur dépendance à l'égard de champignons spécifiques pour leur survie. Ces orchidées fascinantes offrent un aperçu unique de la diversité et des stratégies de survie des plantes dans le monde naturel.

N°17 - LA VANILLE PROVIENT DE L'ORCHIDÉE VANILLA PLANIFOLIA.

L'orchidée Vanilla planifolia est à l'origine de l'arôme de vanille apprécié dans le monde entier. Les fleurs de cette orchidée tropicale sont éphémères et ne durent que 24 heures. Durant cette courte fenêtre, les fleurs doivent être pollinisées pour produire les gousses de vanille tant convoitées. Dans leur habitat naturel, les fleurs sont pollinisées par certaines espèces de mélipones, des abeilles locales. Cependant, en dehors de leur aire de répartition, la pollinisation naturelle est rare, et la pollinisation manuelle est généralement nécessaire pour garantir la production de gousses de vanille.

Après la pollinisation, les gousses de vanille se développent pendant plusieurs mois avant d'être récoltées et soumises à un processus de fermentation et de séchage qui permet de développer leur arôme distinctif. La vanille est une épice précieuse et coûteuse en raison de la complexité de sa culture et de sa transformation, et elle est largement utilisée dans les industries alimentaires, cosmétiques et pharmaceutiques.

111 faits incroyables sur les plantes

N°18 - LES PLANTES UTILISENT LA LUMIÈRE DU SOLEIL.

La photosynthèse est un processus biochimique essentiel qui permet aux plantes de convertir l'énergie solaire en énergie chimique sous forme de glucose et d'autres sucres. Ce processus se déroule dans les chloroplastes, des organites spécialisés situés dans les cellules végétales et contenant de la chlorophylle, un pigment qui absorbe la lumière du soleil.

Au cours de la photosynthèse, les plantes absorbent l'eau par leurs racines et le dioxyde de carbone par les stomates, de petites ouvertures situées sur la surface des feuilles. L'énergie solaire captée par la chlorophylle est utilisée pour convertir ces matières premières en glucose et en oxygène, qui est libéré dans l'atmosphère. Le glucose est utilisé par la plante pour produire de l'énergie et comme composant de base pour la croissance et le développement.

La photosynthèse est un processus fondamental pour la vie sur Terre, car elle est à la base de la chaîne alimentaire et contribue à l'équilibre de l'atmosphère en absorbant le dioxyde de carbone et en produisant de l'oxygène. Les recherches sur la photosynthèse continuent d'explorer les mécanismes de ce processus et les moyens d'améliorer l'efficacité énergétique des plantes, ce qui
pourrait avoir des implications pour l'agriculture et la lutte contre le changement climatique.

N°19 - LA PLANTE PARASITE CUSCUTA.

La Cuscuta, également connue sous le nom de dodder, est une plante parasite étonnante qui dépend entièrement d'autres plantes pour sa survie. Elle est dépourvue de chlorophylle, ce qui signifie qu'elle ne peut pas produire sa propre nourriture par photosynthèse. Au lieu de cela, la Cuscuta utilise des structures spécialisées appelées haustoria pour pénétrer les tissus de sa plante hôte et extraire les nutriments dont elle a besoin pour se développer.

Le processus débute lorsque les graines de Cuscuta germent à proximité d'une plante hôte potentielle. La jeune plante envoie des tiges volubiles qui cherchent activement une plante hôte et s'enroulent autour d'elle. Une fois la connexion établie, la Cuscuta forme des haustoria qui s'ancrent dans les tissus de la plante hôte, permettant ainsi l'extraction des nutriments et de l'eau. La Cuscuta peut causer des dommages considérables à ses hôtes, notamment en affaiblissant les plantes et en les rendant plus vulnérables aux maladies et aux ravageurs.

Cette plante parasite est un sujet d'étude fascinant pour les chercheurs, car elle offre des aperçus uniques sur les mécanismes du parasitisme végétal et les interactions entre plantes. Les études sur la Cuscuta pourraient également conduire au développement de nouvelles méthodes de lutte contre cette plante nuisible et d'autres parasites similaires dans l'agriculture.

N°20 - LES STOMATES SONT DES OUVERTURES PRÉSENTES SUR LES FEUILLES DES PLANTES.

Les stomates jouent un rôle essentiel dans la physiologie des plantes, car ils régulent les échanges gazeux entre la plante et l'atmosphère. Les stomates sont généralement situés sur la surface inférieure des feuilles, bien que leur répartition puisse varier en fonction des espèces et de l'environnement. Chaque stomate est entouré de deux cellules en forme de haricot, appelées cellules de garde, qui contrôlent l'ouverture et la fermeture de l'ouverture stomatique.

Lorsque les stomates sont ouverts, le dioxyde de carbone (CO_2) pénètre dans la feuille pour être utilisé lors de la photosynthèse, et l'oxygène (O_2) produit par la photosynthèse est libéré dans l'atmosphère. Les stomates permettent également la transpiration, c'est-à-dire l'évaporation de l'eau à travers les feuilles, ce qui favorise la circulation de l'eau et des nutriments dans la plante.

Cependant, l'ouverture des stomates peut également entraîner une perte d'eau excessive, en particulier dans les environnements chauds et secs. Ainsi, les plantes doivent trouver un équilibre entre la nécessité de capter le CO_2 pour la photosynthèse et la minimisation de la perte d'eau par transpiration. Les cellules de garde sont sensibles à divers stimuli, tels que la lumière, la concentration en CO_2, la température et l'humidité, et ajustent l'ouverture des stomates en fonction de ces conditions environnementales.

N°21 - LES ARBRES PEUVENT VIVRE DES MILLIERS D'ANNÉES.

Le pin Bristlecone (Pinus longaeva) est une espèce d'arbre conifère qui pousse principalement dans les montagnes du sud-ouest des États-Unis. Ces arbres remarquables sont connus pour leur longévité exceptionnelle, avec certains spécimens ayant vécu plus de 4800 ans, ce qui en fait les organismes vivants non clonaux les plus anciens sur Terre. Les pins Bristlecone ont développé plusieurs stratégies pour survivre dans des conditions extrêmes, notamment des sols pauvres en éléments nutritifs, des températures glaciales et des vents violents.

L'une des clés de la longévité de ces arbres est leur capacité à résister aux infections et aux parasites grâce à une forte concentration de résines protectrices dans leur bois. De plus, les pins Bristlecone ont une croissance extrêmement lente, ce qui leur permet de préserver leurs ressources et de réduire les dommages causés par les conditions environnementales difficiles. En raison de leur longévité, les pins Bristlecone sont également une source précieuse d'informations sur les conditions climatiques passées, car leur tronc présente des cernes annuels qui peuvent être utilisés pour reconstituer l'histoire du climat sur de longues périodes. Les chercheurs analysent les cernes des arbres pour étudier les variations climatiques et environnementales sur plusieurs millénaires, ce qui nous aide à mieux comprendre l'évolution du climat et les impacts potentiels des changements climatiques actuels.

D'autres arbres, bien que moins anciens que les pins Bristlecone, sont également remarquables pour leur longévité. Parmi eux, le séquoia géant (Sequoiadendron giganteum), qui peut vivre jusqu'à 3 000 ans, et l'if commun (Taxus baccata), qui peut vivre plus de 2 000 ans. La longévité de ces arbres est le résultat de stratégies adaptatives uniques qui leur permettent de résister aux maladies, aux parasites et aux conditions environnementales défavorables. La préservation de ces arbres anciens et de leurs écosystèmes est essentielle pour maintenir la diversité biologique et mieux comprendre l'histoire de notre planète.

N°22 – CERTAINES PLANTES PRODUISENT DES TOXINES EXTRÊMEMENT DANGEREUSES POUR L'HOMME.

Le ricin (Ricinus communis) est une plante originaire d'Afrique tropicale, largement cultivée pour ses graines, qui sont utilisées pour produire de l'huile de ricin. Bien que l'huile de ricin ait de nombreuses applications industrielles et médicinales, les graines de ricin contiennent une toxine extrêmement dangereuse appelée ricine. La ricine est l'une des substances les plus toxiques d'origine naturelle, et son ingestion, même en petites quantités, peut entraîner de graves problèmes de santé voire la mort.

Les symptômes d'une intoxication à la ricine incluent des douleurs abdominales, des vomissements, de la diarrhée, des convulsions et, dans les cas graves, un choc et une insuffisance d'organes. La ricine agit en inhibant la synthèse des protéines dans les cellules, ce qui provoque leur mort et, finalement, la défaillance des organes. En raison de sa toxicité, la manipulation des graines de ricin nécessite des précautions particulières pour éviter l'ingestion accidentelle de la ricine. Toutefois, il est important de noter que l'huile de ricin, lorsqu'elle est correctement extraite et purifiée, ne contient pas de ricine et est sans danger pour l'utilisation humaine.

N°23 - LES ÉPIPHYTES POUSSENT SUR D'AUTRES PLANTES SANS LEUR NUIRE.

Les épiphytes sont des plantes qui poussent sur d'autres plantes, généralement des arbres, sans leur causer de dommages. Contrairement aux parasites, les épiphytes n'extraient pas de nutriments de leur plante hôte, mais utilisent plutôt la plante comme support pour se développer. Les épiphytes sont particulièrement abondantes dans les forêts tropicales humides, où l'humidité et la lumière sont favorables à leur croissance.

Parmi les épiphytes, on trouve certaines broméliacées, comme les tillandsias, qui poussent sur les branches des arbres et absorbent l'eau et les nutriments de l'air grâce à leurs feuilles écailleuses. Les orchidées épiphytes, quant à elles, se fixent aux branches des arbres grâce à leurs racines aériennes et tirent leur nutrition de l'eau de pluie, des débris végétaux et des matières en décomposition. Les épiphytes créent des habitats uniques pour de nombreuses espèces d'insectes, d'amphibiens et d'autres organismes, contribuant ainsi à la richesse de la biodiversité dans les écosystèmes forestiers. La préservation des forêts tropicales et de leur diversité biologique, y compris les épiphytes, est essentielle pour maintenir l'équilibre des écosystèmes et protéger les nombreuses espèces qui en dépendent.

N°24 - LA PLANTE QUI PRODUIT LE FRUIT LE PLUS LOURD EST LA CALEBASSE.

La calebasse (Lagenaria siceraria) est une plante grimpante de la famille des cucurbitacées, originaire d'Afrique et cultivée dans le monde entier pour ses fruits volumineux et distinctifs. Les fruits de la calebasse, également appelés "gourdes" ou "courges bouteilles", sont très variés en forme et en taille, et peuvent atteindre des poids impressionnants allant jusqu'à 45 kg. Ils sont généralement récoltés avant maturité et consommés comme légume, mais peuvent également être séchés et utilisés comme récipients, ustensiles de cuisine ou instruments de musique.

La culture de la calebasse remonte à des milliers d'années, et elle a joué un rôle important dans l'histoire de l'agriculture, du commerce et de la culture dans de nombreuses régions du monde. En plus de son utilisation culinaire et artisanale, la calebasse a également des propriétés médicinales et a été utilisée dans la médecine traditionnelle pour traiter divers maux, tels que les problèmes digestifs, les infections et les inflammations.

N°25 - LA PLANTE LA PLUS VENIMEUSE AU MONDE EST L'ARBRE DE LA MORT.

L'arbre de la mort (Hippomane mancinella), également connu sous le nom de mancenillier ou manchineel, est un arbre de la famille des Euphorbiacées, originaire des régions tropicales des Amériques. Cet arbre est considéré comme l'une des plantes les plus toxiques au monde en raison de la présence de latex corrosif et extrêmement toxique dans ses tiges, feuilles et fruits.

Le latex de l'arbre de la mort contient des substances appelées phorbol esters, qui sont responsables de ses effets toxiques. Le simple contact avec le latex peut provoquer des brûlures chimiques et des réactions allergiques graves, tandis que l'ingestion des fruits ou des feuilles peut entraîner des symptômes tels que des douleurs abdominales, des vomissements, des difficultés respiratoires et, dans les cas les plus graves, la mort. Même la fumée produite par la combustion du bois de l'arbre de la mort peut provoquer des irritations des yeux et des voies respiratoires.

En raison de sa toxicité, l'arbre de la mort est souvent marqué avec des signes d'avertissement ou entouré de barrières pour éviter tout contact accidentel. Cependant, malgré sa dangereuse réputation, l'arbre de la mort joue un rôle important dans les écosystèmes côtiers où il pousse, en stabilisant les dunes de sable et en fournissant un habitat pour de nombreuses espèces d'oiseaux et d'insectes

N°26 - LES PLANTES PEUVENT RESSENTIR LES VIBRATIONS SONORES ET RÉAGIR EN CONSÉQUENCE, UN PHÉNOMÈNE APPELÉ "PHYTOACOUSTIQUE".

Les plantes sont des organismes sensibles et réceptifs, capables de percevoir et de réagir à divers stimuli environnementaux, tels que la lumière, la température et l'humidité. L'un des aspects les plus intrigants de la perception des plantes concerne leur capacité à détecter et à répondre aux vibrations sonores, un domaine d'étude connu sous le nom de "phytoacoustique".

Les recherches ont montré que les plantes peuvent percevoir les vibrations sonores à travers leurs cellules et leurs tissus, et qu'elles peuvent ajuster leur croissance, leur développement et leur comportement en fonction de ces signaux. Par exemple, certaines études ont révélé que l'exposition à des fréquences sonores spécifiques peut stimuler la germination des graines, accélérer la croissance des plantules et améliorer la production de biomasse. De plus, les vibrations sonores peuvent également influencer la communication entre les plantes, en modulant la production et la libération de composés chimiques volatils utilisés pour transmettre des informations entre les individus.

La phytoacoustique est un domaine de recherche en pleine expansion, et les scientifiques continuent d'étudier les mécanismes et les implications de la perception sonore chez les plantes. Les découvertes dans ce domaine pourraient avoir des applications pratiques dans l'agriculture, l'horticulture et la conservation, en aidant à développer des stratégies pour améliorer la croissance et la résilience des plantes face aux stress environnementaux.

N°27 - L'ALGUE VERTE CAULERPA TAXIFOLIA EST CONSIDÉRÉE COMME L'UNE DES ESPÈCES LES PLUS INVASIVES AU MONDE.

Caulerpa taxifolia est une espèce d'algue verte marine de la famille des Caulerpaceae, originaire des eaux tropicales et subtropicales de l'océan Indien et de l'océan Pacifique. Cette algue a attiré l'attention internationale en raison de sa capacité à coloniser rapidement de vastes étendues de fonds marins et à perturber les écosystèmes côtiers, ce qui en fait l'une des espèces les plus invasives au monde.

L'expansion rapide de Caulerpa taxifolia est en partie due à sa capacité à se reproduire de manière asexuée par fragmentation, ce qui signifie qu'un seul fragment de l'algue peut donner naissance à une nouvelle colonie. De plus, l'algue est extrêmement résistante aux variations de température, de salinité et de luminosité, ce qui lui permet de prospérer dans une grande variété d'environnements marins.

La prolifération de Caulerpa taxifolia a de graves conséquences sur les habitats marins, car elle forme de vastes monocultures qui étouffent et éliminent d'autres espèces de plantes et d'animaux. Cette perte de biodiversité peut perturber les chaînes alimentaires marines et affecter les ressources alimentaires et les habitats des poissons et des invertébrés.

N°28 – LA PLANTE LA PLUS HAUTE DU MONDE EST L'EUCALYPTUS REGNANS.

L'Eucalyptus regnans, également connu sous le nom de gommier géant de la montagne ou gommier royal, est une espèce d'arbre originaire du sud-est de l'Australie. Il détient le record de la plante la plus haute du monde, avec des individus pouvant atteindre jusqu'à 100 mètres de hauteur. Ces arbres majestueux font partie de la famille des Myrtaceae et sont largement répartis dans les régions montagneuses humides des États australiens de Victoria et de Tasmanie.

L'Eucalyptus regnans est non seulement remarquable pour sa taille, mais aussi pour sa croissance rapide. En conditions favorables, il peut atteindre une hauteur de 65 mètres en seulement 20 ans. Ces arbres jouent un rôle écologique important en fournissant des habitats pour de nombreuses espèces d'oiseaux, de mammifères et d'invertébrés, ainsi qu'en contribuant à la régulation du cycle de l'eau et à la séquestration du carbone.

Les Eucalyptus regnans sont également exploités pour leur bois, qui est utilisé dans la construction, la fabrication de meubles et la production de pâte à papier. Toutefois, la coupe à blanc et la conversion de leur habitat en terres agricoles et en plantations ont entraîné une réduction significative de leur population et de leur aire de répartition. Des efforts de conservation et de reforestation sont en cours pour protéger et restaurer ces forêts anciennes et leurs écosystèmes associés.

111 faits incroyables sur les plantes

N°29 - LES FOUGÈRES SONT DES PLANTES TRÈS ANCIENNES QUI SE REPRODUISENT PAR SPORES PLUTÔT QUE PAR GRAINES.

Les fougères sont un groupe diversifié et ancien de plantes vasculaires sans fleurs, qui existent depuis plus de 360 millions d'années. On estime qu'il existe environ 10 560 espèces de fougères, réparties dans divers habitats terrestres et aquatiques à travers le monde. Contrairement aux plantes à fleurs, les fougères ne produisent pas de graines pour se reproduire. Au lieu de cela, elles se reproduisent à l'aide de spores, de minuscules cellules reproductrices qui sont libérées dans l'environnement et qui germent pour former de nouvelles plantes.

Le cycle de vie des fougères est caractérisé par une alternance de générations, comprenant une phase de sporophyte (plante adulte) et une phase de gamétophyte (plante juvénile). La plante adulte produit des spores, qui sont libérées et germent pour former un gamétophyte, une petite plante en forme de cœur. Le gamétophyte porte des organes reproducteurs mâles et femelles, qui produisent des gamètes (cellules reproductrices) par division cellulaire. Lorsque les conditions sont favorables, les gamètes mâles et femelles fusionnent pour former un zygote, qui se développe ensuite en un nouveau sporophyte.

Les fougères présentent une incroyable diversité de formes et de tailles, allant des minuscules fougères terrestres aux fougères arborescentes géantes qui peuvent atteindre jusqu'à 25 mètres de hauteur. Elles jouent un rôle important dans les écosystèmes où elles se trouvent, en fournissant des habitats pour de nombreux organismes, en stabilisant les sols et en contribuant au cycle des nutriments. Les fougères sont également cultivées pour leur attrait esthétique et sont largement utilisées dans l'horticulture et l'aménagement paysager.

En dépit de leur longue histoire évolutive et de leur diversité, les fougères font face à plusieurs menaces, notamment la perte et la fragmentation de l'habitat, l'introduction d'espèces envahissantes et les changements climatiques. Les efforts de conservation et de recherche sont essentiels pour mieux comprendre la biologie des fougères, leur rôle dans les écosystèmes et les stratégies de gestion adaptative pour préserver leur diversité et leurs fonctions écologiques.

N°30 - LE CANNABIS EST UTILISÉ POUR SES PROPRIÉTÉS MÉDICINALES, RÉCRÉATIVES ET INDUSTRIELLES.

Le cannabis est une plante polyvalente et controversée utilisée pour ses propriétés médicinales, récréatives et industrielles. Il existe deux principales espèces de cannabis : Cannabis sativa et Cannabis indica, chacune ayant des caractéristiques et des effets distincts. Les composés psychoactifs présents dans le cannabis, tels que le tétrahydrocannabinol (THC) et le cannabidiol (CBD), sont responsables de ses effets médicinaux et récréatifs.

Le cannabis est utilisé dans le traitement de diverses affections, notamment la douleur chronique, la sclérose en plaques, l'épilepsie et les troubles de l'anxiété. Les recherches continuent d'étudier les avantages et les risques de l'utilisation du cannabis à des fins médicinales. Pour un usage récréatif, le cannabis est principalement consommé pour ses effets relaxants et euphoriques. Cependant, la consommation excessive et à long terme de cannabis peut entraîner des effets négatifs sur la santé mentale et physique.

Le chanvre, une variété de Cannabis sativa, est cultivé pour ses fibres résistantes et sa faible teneur en THC. Les fibres de chanvre sont utilisées dans la fabrication de textiles, de cordages, de matériaux de construction et de produits en papier. Les graines de chanvre sont également riches en protéines et en acides gras oméga-3 et oméga-6, ce qui en fait un complément alimentaire sain.

N°31 - LES LICHENS SONT EN RÉALITÉ UNE SYMBIOSE ENTRE UN CHAMPIGNON ET UNE ALGUE OU UNE CYANOBACTÉRIE.

Les lichens sont des organismes uniques résultant d'une symbiose entre un champignon et une algue ou une cyanobactérie. Ils forment une structure composite, appelée thalle, dans laquelle les cellules de l'algue ou de la cyanobactérie sont entourées de filaments fongiques. Cette association symbiotique est bénéfique pour les deux partenaires : le champignon fournit un environnement protecteur et absorbe l'eau et les minéraux, tandis que l'algue ou la cyanobactérie produit des nutriments grâce à la photosynthèse.

Les lichens sont extrêmement résistants et peuvent survivre dans des environnements inhospitaliers, tels que les déserts, les toundras et les sommets de montagnes. Ils jouent un rôle important dans les écosystèmes en contribuant à la formation des sols, en retenant l'eau et en fournissant des habitats pour de nombreux microorganismes et invertébrés. Les lichens sont également utilisés par les humains pour diverses applications, notamment la teinture, la médecine traditionnelle et la surveillance de la qualité de l'air.

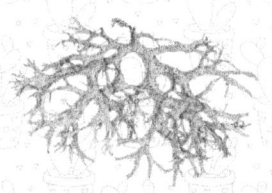

N°32 - LES GRAINES DE CERTAINS ARBRES NE GERMENT QU'APRÈS AVOIR ÉTÉ EXPOSÉES À LA CHALEUR D'UN INCENDIE.

La germination des graines après un incendie est un phénomène fascinant observé chez certaines espèces d'arbres, telles que le pin parasol (Pinus pinea). Les cônes de ces arbres contiennent des graines qui sont enfermées par une résine collante. Cette résine empêche les graines de germer dans des conditions normales, mais elle fond lorsqu'elle est exposée à la chaleur intense d'un incendie de forêt.

Lorsque la résine fond, les graines sont libérées et tombent sur le sol, où elles trouvent des conditions idéales pour la germination. La chaleur de l'incendie élimine la végétation concurrente et enrichit le sol en cendres, fournissant ainsi aux nouvelles pousses lesnutriments dont elles ont besoin pour se développer. Ce processus est une adaptation évolutive qui permet aux espèces de plantes comme le pin parasol de prospérer dans des environnements soumis à des incendies périodiques.

Les chercheurs étudient ces mécanismes de germination induite par le feu afin de mieux comprendre comment les plantes s'adaptent aux conditions changeantes et comment les incendies façonnent les écosystèmes forestiers. Cette connaissance peut être utilisée pour informer les stratégies de gestion des forêts et des incendies, ainsi que pour favoriser la conservation des espèces et la résilience des écosystèmes face au changement climatique.

N°33 - LES PLANTES AQUATIQUES POSSÈDENT DES ADAPTATIONS SPÉCIFIQUES POUR VIVRE DANS L'EAU.

Les plantes aquatiques, comme les nénuphars (Nymphaea spp.), présentent des adaptations spécifiques pour vivre et prospérer dans des environnements immergés ou saturés d'eau. Certaines de ces adaptations incluent des feuilles flottantes, des tissus aérifères et des racines modifiées. Les feuilles flottantes des nénuphars permettent aux plantes d'absorber la lumière du soleil pour la photosynthèse et d'échanger des gaz avec l'atmosphère. Les tissus aérifères, également appelés aérenchymes, sont des espaces vides dans les tiges et les feuilles qui facilitent la circulation de l'oxygène et d'autres gaz dans la plante, contribuant ainsi à la flottabilité et à la respiration.

Les racines des plantes aquatiques sont souvent modifiées pour absorber les nutriments directement de l'eau, plutôt que du sol. Certaines plantes aquatiques, comme les nénuphars, peuvent également développer des racines adventives, qui poussent à partir des tiges et des feuilles pour aider à la fixation et à la nutrition. Ces adaptations spécifiques permettent aux plantes aquatiques de prospérer dans des conditions qui seraient incompatibles avec la survie de la plupart des plantes terrestres.

N°34 - LA GOUSSE DE LA PLANTE HURA CREPITANS EXPLOSE LORSQU'ELLE ATTEINT SA MATURITÉ.

La Hura crepitans, également connue sous le nom d'arbre à poudre à canon ou arbre explosant, est une espèce tropicale originaire d'Amérique centrale et du Sud. Cette plante est particulièrement intéressante en raison de son mécanisme unique de dispersion des graines. Lorsque les gousses de l'arbre atteignent leur maturité, elles explosent littéralement avec une grande force, projetant les graines à une distance impressionnante pouvant aller jusqu'à 45 mètres. Cette stratégie de dispersion permet aux graines de se répandre sur une vaste zone, augmentant ainsi les chances de coloniser de nouveaux habitats et d'éviter la compétition avec les plantes parentes.

L'arbre explosant peut atteindre jusqu'à 40 mètres de hauteur et présente des épines coniques sur son tronc, ce qui lui confère un aspect distinctif. Les gousses, lorsqu'elles sont sèches, ressemblent à des capsules en bois et contiennent de nombreuses graines plates. Les scientifiques étudient les mécanismes impliqués dans cette explosion des gousses pour comprendre les forces physiques et biologiques qui permettent à la plante de réaliser cette prouesse.

N°35 - CERTAINES PLANTES, COMME LE GUI, SONT HÉMIPARASITES.

Les plantes hémiparasites, comme le gui (Viscum album), sont des plantes qui dépendent partiellement d'autres plantes pour leur nutrition. Bien qu'elles soient capables de réaliser la photosynthèse et de produire leur propre énergie à partir de la lumière solaire, elles tirent également des nutriments et de l'eau de leur plante hôte en insérant des structures spécialisées, appelées haustoria, dans les tissus de la plante hôte. Les hémiparasites sont généralement des plantes aériennes, c'est-à-dire qu'elles poussent sur les branches ou les troncs d'autres plantes sans être enracinées dans le sol.

Le gui est un exemple bien connu de plante hémiparasite. Il se développe sur une variété d'arbres hôtes, notamment les pommiers, les peupliers et les sapins. Le gui tire l'eau et les sels minéraux de son hôte, mais il est également capable de réaliser la photosynthèse grâce à ses feuilles vertes. Bien que le gui puisse affaiblir et même tuer son hôte lorsqu'il est présent en grand nombre, il est également considéré comme ayant une valeur écologique, car il fournit des habitats et des ressources alimentaires pour de nombreux animaux, notamment les oiseaux qui se nourrissent de ses baies et disséminent ses graines.

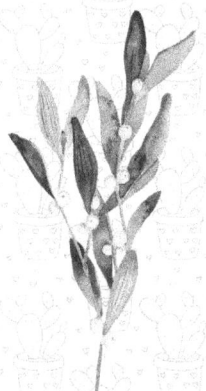

N°36 - LES ALGUES SONT À LA BASE DE LA CHAÎNE ALIMENTAIRE DANS LES OCÉANS ET PRODUISENT UNE GRANDE PARTIE DE L'OXYGÈNE QUE NOUS RESPIRONS.

Les algues sont des organismes photosynthétiques qui vivent principalement dans les environnements aquatiques, et elles jouent un rôle crucial dans les écosystèmes marins et terrestres. Les algues sont extrêmement diversifiées, allant des minuscules phytoplanctons unicellulaires aux grandes algues brunes qui forment les forêts de kelp. En tant que producteurs primaires, les algues sont à la base de la chaîne alimentaire océanique, fournissant de la nourriture et de l'énergie à une multitude d'organismes, des zooplanctons aux poissons et aux mammifères marins.

En plus de leur rôle dans la chaîne alimentaire, les algues sont également responsables de la production d'une grande partie de l'oxygène sur Terre. On estime que les algues, en particulier le phytoplancton, produisent environ 50% de l'oxygène que nous respirons, grâce au processus de photosynthèse. La photosynthèse des algues contribue également à la séquestration du dioxyde de carbone, aidant ainsi à réguler le cycle du carbone et à atténuer les effets du changement climatique.

N°37 – LES PLANTES GRASSES SONT CAPABLES DE STOCKER DE GRANDES QUANTITÉS D'EAU.

Les plantes grasses, également appelées succulentes, sont un groupe de plantes adaptées à survivre dans des environnements arides et secs, où l'eau est limitée. Elles possèdent des feuilles, des tiges et parfois des racines épaisses et charnues, qui leur permettent de stocker de grandes quantités d'eau pour résister à la sécheresse. Cette adaptation leur confère une apparence caractéristique et distincte, avec des feuilles souvent gonflées, charnues et denses. Parmi les plantes succulentes les plus connues, on trouve les cactus, les aloès, les crassulas et les echeverias. Ces plantes ont développé des stratégies pour minimiser la perte d'eau par évapotranspiration, notamment en ouvrant leurs stomates la nuit pour réaliser les échanges gazeux nécessaires à la photosynthèse. De nombreuses succulentes présentent également des surfaces cireuses ou des poils pour réduire la perte d'eau et protéger la plante du soleil intense. Les plantes grasses sont très appréciées pour leur facilité d'entretien et leur variété de formes et de couleurs, ce qui en fait des plantes d'intérieur et d'extérieur populaires dans les jardins et les aménagements paysagers.

N°38 - LES PLANTES À FLEURS SONT LES PLUS DIVERSIFIÉES ET LES PLUS RÉPANDUES.

Les angiospermes, ou plantes à fleurs, constituent le groupe le plus diversifié et le plus répandu de plantes terrestres. On estime qu'il existe plus de 350 000 espèces d'angiospermes, représentant environ 90 % de toutes les espèces de plantes terrestres connues. Elles se trouvent dans presque tous les écosystèmes, des déserts arides aux forêts tropicales humides, en passant par les régions alpines et les prairies.

Les angiospermes se caractérisent par la présence de fleurs, qui sont des structures spécialisées pour la reproduction. Les fleurs permettent aux angiospermes d'attirer divers pollinisateurs, tels que les insectes, les oiseaux et les chauves-souris, facilitant ainsi la pollinisation et la production de graines. En outre, les angiospermes produisent des fruits, qui protègent et dispersent les graines, contribuant à leur succès en tant que groupe de plantes.

Les angiospermes jouent un rôle essentiel dans les écosystèmes terrestres, fournissant de la nourriture, de l'habitat et des ressources pour de nombreuses autres espèces. Elles sont également d'une grande importance pour les humains, car elles fournissent une grande partie de notre nourriture, nos fibres, nos médicaments et nos matériaux de construction. Les chercheurs continuent d'étudier les angiospermes pour mieux comprendre leur biologie, leur évolution et leur diversité, ainsi que pour découvrir de nouvelles applications potentielles dans l'agriculture, la médecine et l'industrie.

N°39, – LES ARBRES PRODUISENT UNE SUBSTANCE APPELÉE RÉSINE POUR SE PROTÉGER DES INFECTIONS ET DES INSECTES.

b b La résine est une substance visqueuse et collante produite par certaines plantes, en particulier les conifères comme les pins, les sapins et les épicéas. Elle est composée de divers composés organiques, tels que les terpènes, les acides résiniques et les esters, qui lui confèrent des propriétés antifongiques, antibactériennes et insecticides.

La production de résine joue un rôle crucial dans la défense des arbres contre les infections et les infestations d'insectes. Lorsqu'un arbre est blessé, par exemple par une branche cassée ou une morsure d'insecte, la résine est libérée et forme une barrière protectrice autour de la zone endommagée. Cette barrière empêche l'entrée de pathogènes et d'insectes, favorisant ainsi la guérison et la protection de l'arbre.

La résine a également été utilisée par l'homme depuis des millénaires pour diverses applications, notamment la production de colles, de vernis, de parfums et d'encens. La résine d'ambre, qui est une résine fossile, est particulièrement précieuse et est utilisée dans la fabrication de bijoux et d'objets d'art.

N°40 - LES GRAINES DE CERTAINES PLANTES PEUVENT FLOTTER SUR DE LONGUES DISTANCES POUR COLONISER DE NOUVELLES TERRES.

Le coco de mer, également connu sous le nom de Lodoicea maldivica, est une espèce de palmier endémique des îles Seychelles. Cette plante est célèbre pour produire les plus grandes et les plus lourdes graines du règne végétal, qui peuvent peser jusqu'à 30 kg. Ces graines ont la capacité unique de flotter sur l'eau, ce qui leur permet de se disperser sur de longues distances à travers les océans pour coloniser de nouvelles terres.

Cette stratégie de dispersion est particulièrement avantageuse pour les plantes insulaires comme le coco de mer, car elle leur permet de surmonter les obstacles géographiques et d'atteindre des habitats isolés. Lorsqu'une graine atteint une nouvelle terre, elle peut germer et établir une nouvelle population, favorisant ainsi la survie et la diversification de l'espèce.

Les scientifiques étudient les mécanismes de flottaison des graines du coco de mer pour mieux comprendre leur structure et leur composition, ainsi que les courants océaniques et les facteurs environnementaux qui influencent leur dispersion. Ces connaissances peuvent aider à la conservation de l'espèce, qui est actuellement classée comme menacée, ainsi qu'à l'étude de la biogéographie et de l'évolution des plantes insulaires.

N°41 - LES FOUGÈRES ARBORESCENTES PEUVENT ATTEINDRE PLUSIEURS MÈTRES DE HAUTEUR.

Les fougères arborescentes sont un groupe de fougères qui se caractérisent par leur taille imposante et leur apparence similaire à celle des arbres. Parmi les fougères arborescentes, le genre Cyathea est particulièrement remarquable, avec certaines espèces pouvant atteindre jusqu'à 20 mètres de hauteur. Ces fougères géantes possèdent un tronc semblable à celui des arbres, composé d'un enchevêtrement de racines aériennes et de bases de frondes mortes.

Les frondes des fougères arborescentes sont généralement grandes et divisées, avec une structure complexe et un aspect très décoratif. Ces fougères poussent principalement dans les régions tropicales et subtropicales, où elles contribuent à la biodiversité et à la structure des forêts. En outre, les fougères arborescentes sont également cultivées comme plantes ornementales dans les jardins et les parcs du monde entier, en raison de leur beauté et de leur aspect majestueux.

N°42 - CERTAINES PLANTES UTILISENT DES STRUCTURES EN FORME D'URNE POUR CAPTURER DES INSECTES.

Les Nepenthes, également connues sous le nom de plantes à urnes ou plantes-trophées, sont un genre de plantes carnivores qui possèdent des structures spécialisées en forme d'urne pour attirer, capturer et digérer des insectes. Ces urnes sont en réalité des feuilles modifiées qui se développent à l'extrémité d'une tige rampante ou grimpante. La forme et la couleur de ces urnes sont adaptées pour attirer des proies telles que les insectes, les araignées et parfois même de petits vertébrés.

Le bord de l'urne est recouvert d'une substance visqueuse appelée nectar, qui attire les insectes et les fait glisser à l'intérieur de l'urne. Une fois piégées, les proies sont digérées par des enzymes présentes dans le liquide à l'intérieur de l'urne, fournissant ainsi à la plante des nutriments essentiels, tels que l'azote et le phosphore, qui peuvent être rares dans le sol où elles poussent.

N°43 - CERTAINS LÉGUMES SONT LES RACINES COMESTIBLES DE CERTAINES PLANTES.

Les légumes-racines, comme les carottes (Daucus carota), les navets (Brassica rapa) et les betteraves (Beta vulgaris), sont des plantes dont les racines sont consommées comme nourriture. Ces racines sont riches en nutriments, notamment en vitamines, minéraux et fibres alimentaires, et sont une source importante de nourriture pour l'homme depuis des millénaires.

Ces légumes-racines sont généralement cultivés dans des sols meubles et bien drainés pour permettre une croissance optimale des racines. Ils sont récoltés lorsque la racine atteint une taille et une qualité désirées, généralement quelques mois après la plantation. Les légumes-racines peuvent être consommés crus, cuits, en purée, ou utilisés dans diverses préparations culinaires. Ils sont également utilisés pour la production d'aliments pour animaux et de biocarburants. La culture de légumes-racines est importante pour la sécurité alimentaire, l'économie et l'environnement.

N°44 - LA NOIX DE COCO EST EN RÉALITÉ UNE DRUPE ET NON UN FRUIT À COQUE.

La noix de coco, fruit du cocotier (Cocos nucifera), est souvent considérée à tort comme un fruit à coque. Cependant, elle appartient en réalité au groupe des drupes, qui sont des fruits charnus avec une seule graine entourée d'un endocarpe dur. D'autres exemples de drupes incluent les pêches, les prunes et les cerises. Les drupes se distinguent des fruits à coque, tels que les noix, les amandes et les noisettes, par la présence d'une couche charnue à l'extérieur de l'endocarpe dur. Les fruits à coque, quant à eux, ont généralement une coque externe dure et sèche qui protège la graine à l'intérieur.

La confusion entre les noix de coco et les fruits à coque est probablement due à la présence d'une coque dure et fibreuse autour de la graine, qui ressemble à la coque externe des fruits à coque. Cependant, la structure interne et la classification botanique de la noix de coco la placent clairement dans la catégorie des drupes.

La noix de coco est une source importante de nourriture et de matériaux pour de nombreuses cultures tropicales, et elle a de nombreuses utilisations culinaires, médicinales et industrielles. L'étude de la biologie et de la classification de la noix de coco aide les chercheurs à mieux comprendre ses propriétés et son potentiel d'utilisation dans divers domaines.

111 faits incroyables sur les plantes

N°45 - CERTAINES PLANTES CULTIVÉES POUR LEURS GRAINES.

Le café (Coffea sp.) et le cacao (Theobroma cacao) sont deux plantes cultivées principalement pour leurs graines, qui sont transformées en café et en chocolat, respectivement. Les graines de café sont contenues dans des baies appelées cerises de café, tandis que les graines de cacao sont contenues dans de grands fruits appelés cabosses.

Après la récolte, les cerises de café sont dépulpées pour extraire les graines, qui sont ensuite séchées et torréfiées pour produire les grains de café que nous connaissons. Les grains de café sont ensuite moulus et infusés pour produire du café. Quant au cacao, les cabosses sont ouvertes pour extraire les graines, qui sont fermentées, séchées, puis torréfiées pour produire les fèves de cacao. Les fèves de cacao sontensuite broyées pour obtenir une pâte de cacao, qui est utilisée pour fabriquer du chocolat et d'autres produits dérivés du cacao.

Ces deux plantes ont une importance économique considérable, car elles sont à la base d'industries mondiales valant plusieurs milliards de dollars et sont des sources de revenus pour des millions de petits agriculteurs dans les pays tropicaux.

N°46 - LES PLANTES MYRMÉCOPHILES ENTRETIENNENT UNE RELATION SYMBIOTIQUE AVEC LES FOURMIS.

Les plantes myrmécophiles sont des plantes qui ont développé une relation symbiotique avec les fourmis. Un exemple notable de plante myrmécophile est le cécropia (Cecropia sp.), un arbre tropical d'Amérique centrale et du Sud. Les cécropias abritent des colonies de fourmis, généralement de l'espèce Azteca, dans leurs tiges creuses. En échange de l'abri, les fourmis protègent l'arbre des herbivores, des parasites et des plantes grimpantes concurrentes.

Les cécropiasproduisent également des structures appelées corpuscules de Müller, qui sont de petites excroissances riches en nutriments que les fourmis consomment. Ce partenariat bénéficie aux deux parties : la plante est protégée et les fourmis reçoivent une source constante de nourriture et un abri. Cette relation symbiotique est un excellent exemple de coévolution et d'adaptation entre les plantes et les insectes.

N°47 – LES ORCHIDÉES POSSÈDENT DES STRUCTURES SPÉCIALISÉES APPELÉES POLLINIES POUR FACILITER LA POLLINISATION PAR LES INSECTES.

Les orchidées (Orchidaceae) sont une famille de plantes à fleurs très diversifiée, comprenant plus de 25 000 espèces. Pour assurer leur reproduction, de nombreuses orchidées ont développé des adaptations uniques pour faciliter la pollinisation par les insectes. L'une de ces adaptations est la pollinie, une structure qui regroupe les grains de pollen en masses solides. Au lieu de produire du pollen en grains individuels, comme la plupart des autres plantes à fleurs, les orchidées forment des pollinies, qui sont attachées à des structures appelées caudicules. Lorsqu'un insecte visite la fleur, il entre en contact avec les caudicules, qui se détachent et collent les pollinies sur le corps de l'insecte. Lorsque l'insecte visite une autre fleur de la même espèce d'orchidée, les pollinies sont transférées sur la structure femelle de la fleur, appelée stigmate, permettant ainsi la pollinisation et la production de graines.

Cette adaptation particulière permet une pollinisation plus efficace et précise, car les pollinies sont moins susceptibles de se perdre ou d'être gaspillées que les grains de pollen individuels. Les orchidées sont également connues pour leurs stratégies de pollinisation complexes et spécifiques, impliquant souvent la production de parfums et de formes de fleurs qui attirent et trompent les insectes pollinisateurs.

N°48 - LES PLANTES CARNIVORES UTILISENT DES PIÈGES EN FORME D'ENTONNOIR POUR CAPTURER DES INSECTES.

Les plantes carnivores sont des plantes qui ont évolué pour capturer et digérer des animaux, principalement des insectes, afin de compenser leur croissance dans des sols pauvres en nutriments. La Sarracenia est un genre de plantes carnivores qui se trouve principalement en Amérique du Nord. Ces plantes utilisent des pièges en forme d'entonnoir pour attirer et capturer des insectes.

Les pièges de la Sarracenia, appelés urnes, sont en réalité des feuilles modifiées qui se sont adaptées pour former des structures en forme d'entonnoir. Les bords des urnes sont recouverts de nectar, qui attire les insectes. Une fois que les insectes sont attirés par le nectar, ils glissent sur la surface lisse et inclinée de l'entonnoir et tombent dans la cavité remplie de liquide digestive.

Le liquide contient des enzymes qui décomposent les insectes capturés et permettent à la plante d'absorber les nutriments essentiels, tels que l'azote et le phosphore. Cette stratégie permet à la Sarracenia de survivre dans des environnements où les autres plantes ne peuvent pas, en utilisant les insectes comme source de nutriments.

111 faits incroyables sur les plantes

N°49 - LES PLANTES PARASITES SE NOURRISSENT DES NUTRIMENTS D'AUTRES PLANTES SANS EFFECTUER DE PHOTOSYNTHÈSE.

Les plantes parasites sont des plantes qui dépendent d'autres plantes pour obtenir les nutriments dont elles ont besoin pour survivre. Le Rafflesia est un genre de plantes parasites qui se trouvent principalement en Asie du Sud-Est. Ces plantes sont connues pour leur absence de chlorophylle, ce qui signifie qu'elles ne peuvent pas effectuer de photosynthèse.

Le Rafflesia se nourrit en s'attachant à une plante hôte, généralement une liane du genre Tetrastigma. La plante parasite pénètre dans les tissus de l'hôte et extrait les nutriments dont elle a besoin pour se développer. Les Rafflesia sont également connues pour produire les plus grandes fleurs du monde, avec un diamètre pouvant atteindre 1 mètre.

Ces fleurs émettent une odeur de chair en décomposition pour attirer les insectes pollinisateurs, tels que les mouches et les scarabées. Une fois que les insectes ont visité la fleur, ils transportent le pollen vers d'autres fleurs de Rafflesia, assurant ainsi la reproduction de la plante parasite. Bien que ces plantes soient considérées comme des parasites, elles jouent également un rôle écologique important en fournissant des ressources pour les insectes pollinisateurs et en contribuant à la biodiversité de leur écosystème.

Le baobab (Adansonia) est un genre de plantes composé de neuf espèces d'arbres, principalement originaires d'Afrique, de Madagascar et d'Australie. Ces arbres sont adaptés aux environnements arides et peuvent survivre à des périodes prolongées de sécheresse grâce à leur capacité à stocker de grandes quantités d'eau dans leur tronc massif.

Le tronc du baobab est composé de tissus spongieux qui absorbent l'eau lorsqu'elle est disponible. En période de sécheresse, ces tissus spongieux se contractent et libèrent l'eau stockée pour que l'arbre puisse continuer à fonctionner. Certains baobabs peuvent stocker jusqu'à 120 000 litres d'eau dans leur tronc, ce qui leur permet de survivre pendant des années sans pluie.

En plus de sa capacité à stocker de l'eau, le baobab possède d'autres adaptations pour résister aux conditions arides, telles que des feuilles caduques qui tombent pendant la saison sèche pour réduire la perte d'eau par évapotranspiration. Les baobabs sont également un élément important de l'écosystème, fournissant de l'ombre, des abris et des ressources alimentaires pour de nombreux animaux.

N°51 - LA PLANTE DU GENRE AMORPHOPHALLUS PRODUIT UNE FLEUR GÉANTE QUI DÉGAGE UNE ODEUR DE CHAIR EN DÉCOMPOSITION.

Le genre Amorphophallus regroupe des plantes à fleurs originaires des régions tropicales et subtropicales d'Asie et d'Afrique. Une des espèces les plus connues de ce genre est le konjac (Amorphophallus konjac), qui est cultivé pour son tubercule riche en fibres alimentaires.

Le konjac, ainsi que d'autres espèces du genre Amorphophallus, produit une inflorescence impressionnante appelée spathe, qui peut mesurer jusqu'à 1,5 mètre de haut. La spathe est entourée d'une structure en forme de collerette appelée spadice. Lors de la floraison, le spadice émet de la chaleur et dégage une odeur désagréable de chair en décomposition.

Cette odeur attire les insectes pollinisateurs, tels que les mouches et les scarabées, qui sont attirés par la perspective de trouver une source de nourriture. En visitant la fleur, les insectes se couvrent de pollen et contribuent à la pollinisation en se déplaçant vers d'autres fleurs d'Amorphophallus. Cette stratégie de reproduction est un exemple fascinant de l'évolution des plantes pour attirer les pollinisateurs et assurer leur survie.

N°52 - LA CAPUCINE, UNE PLANTE ORNEMENTALE, POSSÈDE DES FLEURS ET DES FEUILLES COMESTIBLES.

La capucine (Tropaeolum majus) est une plante ornementale originaire d'Amérique du Sud, largement cultivée pour ses fleurs colorées et ses feuilles attrayantes. Elle est appréciée non seulement pour son aspect esthétique, mais aussi pour ses parties comestibles qui sont riches en vitamines et minéraux. Les fleurs, les feuilles et les boutons floraux de la capucine sont comestibles et possèdent une saveur légèrement poivrée et piquante, semblable à celle du cresson.

Les fleurs de capucine sont souvent utilisées pour décorer les salades ou comme garniture pour les plats. Les feuilles peuvent être ajoutées aux salades, aux sandwichs ou servir de base pour les pestos. Les boutons floraux peuvent être marinés et utilisés comme substitut des câpres. En plus de leur saveur unique, les parties comestibles de la capucine sont riches en vitamine C, en bêta-carotène et en antioxydants.

N°53 - LA PLANTE PARASITE OROBANCHE SÉCRÈTE DES SUBSTANCES QUI ATTIRENT LES RACINES DE SA PLANTE HÔTE, CE QUI FACILITE SON INFESTATION.

L'Orobanche est un genre de plantes parasites qui comprend environ 200 espèces. Ces plantes sont dépourvues de chlorophylle et incapables de réaliser la photosynthèse, ce qui signifie qu'elles ne peuvent pas produire leur propre nourriture. Pour survivre, elles parasitent d'autres plantes en établissant des connexions avec leurs racines et en extrayant les nutriments dont elles ont besoin.

Pour localiser et infester efficacement ses plantes hôtes, l'Orobanche sécrète des substances chimiques appelées strigolactones. Ces substances attirent les racines de la plante hôte, ce qui permet à l'Orobanche d'établir un contact étroit et de former une connexion appelée haustorium. Une fois l'haustorium formé, l'Orobanche peut extraire l'eau, les nutriments et les sucres de sa plante hôte, ce qui nuit souvent à la croissance et à la productivité de cette dernière.

Les infestations d'Orobanche peuvent causer des pertes importantes dans l'agriculture, en particulier pour les cultures de légumineuses, de tournesol et de tabac. La lutte contre ce parasite est complexe et implique souvent des approches intégrées, telles que l'utilisation de plantes résistantes, la rotation des cultures, l'application d'herbicides et l'amélioration des pratiques culturales.

N°54 - LES PLANTES DE LA FAMILLE DES SOLANACEAE CONTIENNENT DES ALCALOÏDES TOXIQUES.

Les Solanaceae, une famille de plantes qui comprend des espèces telles que la tomate (Solanum lycopersicum) et la pomme de terre (Solanum tuberosum), sont connues pour contenir des alcaloïdes toxiques, principalement la solanine et la chaconine. Ces substances sont présentes dans diverses parties de la plante, notamment les feuilles, les tiges et les fruits verts. La solanine est présente en plus grande concentration dans les tubercules de pomme de terre exposés à la lumière et ayant verdi.

Ces alcaloïdes toxiques sont des composés naturels qui servent à protéger la plante contre les herbivores, les parasites et les infections. Cependant, ils peuvent être nocifs pour l'homme lorsqu'ils sont ingérés en grande quantité. Les symptômes d'intoxication par la solanine comprennent des troubles gastro-intestinaux, des maux de tête, de la fièvre, des vertiges et, dans les cas graves, des troubles neurologiques et la mort.

Il est important de manipuler et de stocker correctement les tomates et les pommes de terre pour éviter la formation d'alcaloïdes toxiques. Les tomates vertes doivent être mûries à l'abri de la lumière, et les pommes de terre doivent être conservées dans un endroit frais et sombre pour éviter la production de solanine.

N°55 – CERTAINES PLANTES NE FLEURISSENT QU'UNE SEULE FOIS DANS LEUR VIE ET MEURENT APRÈS LA FLORAISON.

Le Puya raimondii, également connu sous le nom de "reine des Andes", est une plante impressionnante originaire des régions montagneuses d'Amérique du Sud. Elle appartient à la famille des Bromeliaceae et est considérée comme l'une des plus grandes broméliacées du monde. Le Puya raimondii peut atteindre une hauteur de 10 mètres et possède une inflorescence en forme de cône qui peut contenir jusqu'à 30 000 fleurs.

Cette plante est un exemple de monocarpie, un phénomène dans lequel une plante fleurit une seule fois dans sa vie et meurt ensuite. La floraison du Puya raimondii est un événement rare qui ne se produit qu'après une période de croissance pouvant durer jusqu'à 100 ans. Une fois que la plante a fleuri, elle consacre toute son énergie à la production de graines et meurt peu de temps après.

La monocarpie est un mécanisme de reproduction fascinant qui se retrouve chez certaines autres plantes, comme les agaves et les bambous. Bien que cette stratégie puisse sembler contre-intuitive, elle permet à ces plantes de concentrer leurs ressources sur une seule et massive production de graines, augmentant ainsi les chances de propagation et de survie de la descendance.

Le nénuphar géant Victoria amazonica est une plante aquatique remarquable originaire d'Amérique du Sud, notamment des régions du bassin de l'Amazone. Il appartient à la famille des Nymphaeaceae et est considéré comme la plus grande espèce de nénuphar au monde. Ses feuilles circulaires et flottantes peuvent atteindre 3 mètres de diamètre et sont capables de supporter un poids allant jusqu'à 45 kg. Les bords des feuilles sont légèrement relevés, ce qui crée une structure en forme de plateau.

Outre la taille impressionnante de ses feuilles, Victoria amazonica est également connue pour ses fleurs spectaculaires. Les fleurs, qui peuvent mesurer jusqu'à 40 cm de diamètre, sont blanches la première nuit de leur éclosion et deviennent roses ou pourpres le deuxième jour. Les fleurs sont également thermogéniques, ce qui signifie qu'elles peuvent produire leur propre chaleur et maintenir une température supérieure à celle de l'air ambiant. Ce mécanisme attire les insectes pollinisateurs et facilite la pollinisation.

N°57 – LES PLANTES CAPABLES DE VIVRE DANS DES SOLS SALÉS SONT APPELÉES HALOPHYTES.

Les halophytes sont des plantes qui peuvent tolérer et prospérer dans des conditions de sol salé. Ces plantes ont développé des adaptations spécifiques pour survivre dans des environnements où la teneur en sel est élevée, comme les marais salants, les zones côtières ou les sols salinisés par l'irrigation. Un exemple bien connu d'halophyte est la salicorne (Salicornia spp.), également appelée "asperge des mers" ou "haricot de mer".

Les halophytes possèdent des mécanismes physiologiques pour gérer l'excès de sel dans leur environnement. Certains halophytes exècrent activement le sel par des glandes spéciales situées sur leurs feuilles, tandis que d'autres accumulent le sel dans des tissus spécifiques ou des organes de stockage. Ces adaptations leur permettent de maintenir un équilibre hydrique interne et de prévenir la toxicité du sel.

Les halophytes jouent un rôle important dans les écosystèmes côtiers en stabilisant les sols et en fournissant un habitat pour diverses espèces animales. De plus, certaines espèces d'halophytes, comme la salicorne, sont comestibles et utilisées dans la cuisine traditionnelle pour leur saveur distinctive et leur teneur en nutriments.

N°58 – LES PLANTES À FLEURS PRODUISENT DES FRUITS POUR PROTÉGER ET DISPERSER LEURS GRAINES.

Les plantes à fleurs, également appelées angiospermes, représentent la majorité des espèces végétales terrestres et se caractérisent par la production de fruits pour protéger et disperser leurs graines. Les fruits sont les ovaires mûrs de ces plantes et leur développement débute après la pollinisation et la fécondation. Les fruits présentent une grande diversité de formes, de tailles et de textures, allant des baies juteuses aux fruits à coque durs.

La principale fonction des fruits est de protéger les graines en développement à l'intérieur. Les fruits offrent un abri physique contre les prédateurs et les conditions environnementales défavorables, tels que la sécheresse ou les températures extrêmes. De plus, certains fruits contiennent des composés chimiques qui dissuadent les herbivores de consommer les graines.

Les fruits jouent également un rôle crucial dans la dispersion des graines. Les plantes utilisent différentes stratégies pour disperser leurs graines, telles que la dispersion par le vent, l'eau ou les animaux. Par exemple, les fruits charnus et colorés, tels que les baies, attirent les animaux qui les consomment et dispersent ensuite les graines dans leurs excréments. D'autres fruits, comme les samares d'érable, sont adaptés pour être emportés par le vent, ce qui permet aux graines de se propager sur de grandes distances.

N°59 - LES PLANTES ALPINES POSSÈDENT DES ADAPTATIONS POUR SURVIVRE AUX CONDITIONS EXTRÊMES DE L'ALTITUDE.

Les plantes alpines sont des plantes qui vivent dans les zones de haute altitude, généralement au-dessus de la limite des arbres. Ces plantes font face à des conditions environnementales difficiles, telles que des températures basses, des vents violents, des sols pauvres en nutriments et une forte exposition aux rayons ultraviolets. L'edelweiss (Leontopodium alpinum) est un exemple emblématique de plante alpine, largement connu pour sa beauté et son association avec les montagnes européennes.

Pour faire face à ces conditions extrêmes, les plantes alpines ont développé diverses adaptations. Beaucoup d'entre elles ont une forme compacte et ramifiée pour réduire la perte de chaleur et résister aux vents forts. Leurs feuilles sont souvent recouvertes de poils ou d'une couche cireuse pour réduire la perte d'eau par évaporation et protéger contre les rayons ultraviolets. En outre, certaines plantes alpines ont une croissance très lente, ce qui leur permet de concentrer leurs ressources et d'optimiser leur survie dans des environnements inhospitaliers.

Les plantes alpines jouent un rôle essentiel dans l'écosystème des montagnes en stabilisant les sols et en fournissant un habitat et une nourriture pour les animaux. Elles sont également appréciées pour leur beauté et leur résilience, et sont souvent cultivées dans les jardins d'altitude ou les rocailles.

N°60 - LES PLANTES VIVACES VIVENT PLUSIEURS ANNÉES TANDIS QUE LES PLANTES ANNUELLES MEURENT APRÈS UNE SAISON DE CROISSANCE.

Les plantes sont généralement classées en fonction de leur cycle de vie. Les plantes vivaces sont celles qui vivent pendant plusieurs années, avec une période de dormance suivie d'une nouvelle croissance chaque année. La pivoine (Paeonia spp.) est un exemple bien connu de plante vivace, appréciée pour ses fleurs grandes et colorées qui reviennent chaque année. Les plantes vivaces ont généralement des systèmes racinaires plus développés et robustes, comme les rhizomes, les bulbes ou les tubercules, qui leur permettent de survivre aux conditions hivernales et de repousser au printemps.

Les plantes annuelles, en revanche, complètent leur cycle de vie en une seule saison de croissance. Elles germent, fleurissent, produisent des graines et meurent en quelques mois. Le coquelicot (Papaver spp.) est un exemple de plante annuelle, connu pour ses fleurs vibrantes et éphémères. Les plantes annuelles mettent l'accent sur la production rapide de graines pour assurer la survie de la prochaine génération. Ces plantes sont souvent utilisées dans les jardins pour leur floraison rapide et leur capacité à combler les espaces vides.

N°61 - LES PLANTES DE LA FAMILLE DES CACTACEAE SONT ORIGINAIRES DES AMÉRIQUES ET NE SONT PAS PRÉSENTES NATURELLEMENT DANS D'AUTRES RÉGIONS DU MONDE.

La famille des Cactaceae, communément appelées cactus, est un groupe de plantes succulentes qui sont originaires des régions arides et semi-arides des Amériques, allant de l'Amérique du Nord jusqu'à l'Amérique du Sud, y compris les îles des Caraïbes. Il existe environ 2000 espèces de cactus, qui sont bien adaptées pour survivre dans des environnements avec des précipitations limitées et des températures élevées.

Les cactus présentent des adaptations uniques pour conserver l'eau et résister à la sécheresse. Leur tige charnue est capable de stocker de grandes quantités d'eau et de réaliser la photosynthèse. Les feuilles sont généralement réduites à des épines, ce qui limite la perte d'eau par évaporation et protège la plante contre les herbivores. De plus, les cactus ont un métabolisme spécialisé appelé CAM (Crassulacean Acid Metabolism) qui leur permet d'ouvrir leurs stomates la nuit pour réduire la perte d'eau.

Les cactus ne sont pas présents naturellement dans d'autres régions du monde, mais ils ont été largement introduits et cultivés en dehors de leur aire de répartition d'origine. Ils sont souvent utilisés dans les jardins xérophytiques et les paysages arides pour leur faible consommation d'eau et leur aspect architectural. Certaines espèces, comme l'Opuntia (figuier de Barbarie), sont également cultivées pour leurs fruits comestibles et leurs propriétés médicinales.

N°62 - LA PLUPART DES PLANTES TERRESTRES ONT BESOIN DE CHAMPIGNONS POUR ABSORBER LES NUTRIMENTS DU SOL, UNE RELATION APPELÉE MYCORHIZE.

Les mycorhizes sont des associations symbiotiques entre les racines des plantes et les champignons du sol. Cette relation est cruciale pour la plupart des plantes terrestres, car elle leur permet d'absorber plus efficacement les nutriments essentiels du sol, tels que le phosphore, l'azote et d'autres minéraux. Les champignons mycorhiziens colonisent les racines des plantes et étendent leur réseau de filaments, appelés hyphes, dans le sol. Les hyphes augmentent la surface d'absorption des racines, améliorant ainsi leur capacité à capter les nutriments.

En retour, les plantes fournissent aux champignons des sucres et d'autres composés organiques qu'ils produisent lors de la photosynthèse. Cette relation symbiotique est bénéfique pour les deux parties : les plantes reçoivent des nutriments essentiels pour leur croissance et leur développement, tandis que les champignons obtiennent les sources de carbone dont ils ont besoin pour leur survie.

111 faits incroyables sur les plantes

N°63 - LES MOUSSES SONT DES PLANTES NON VASCULAIRES QUI N'ONT PAS DE VRAIES RACINES, DE TIGES OU DE FEUILLES.

Les mousses font partie des Bryophytes, un groupe de plantes non vasculaires qui ne possèdent pas de tissus conducteurs spécialisés, comme le xylème et le phloème, pour transporter l'eau et les nutriments. En conséquence, les mousses n'ont pas de vraies racines, de tiges ou de feuilles comme on les trouve chez les plantes vasculaires. Au lieu de cela, elles ont des structures simples appelées rhizoïdes, caulidies et phyllidies.

Les rhizoïdes sont des filaments semblables à des racines qui aident les mousses à s'ancrer au substrat et à absorber l'eau et les nutriments. Les caulidies ressemblent à des tiges et soutiennent la structure de la plante, tandis que les phyllidies, qui ressemblent à des feuilles, sont responsables de la photosynthèse.

Les mousses se reproduisent principalement par la production de spores, qui sont dispersées par le vent ou l'eau. En raison de leur absence de tissus vasculaires et de leurs adaptations simples, les mousses sont généralement de petite taille et se trouvent souvent dans des environnements humides et ombragés où elles peuvent facilement absorber l'eau et les nutriments directement de leur environnement.

Le ginkgo biloba, également appelé "arbre aux quarante écus" ou "arbre aux mille écus", est une espèce d'arbre unique en son genre, qui remonte à plus de 200 millions d'années. Il est considéré comme un "fossile vivant" car il est le seul représentant survivant de la division Ginkgophyta, qui comptait autrefois de nombreux membres. Les fossiles de ginkgo sont présents dans des couches géologiques datant de l'époque du Jurassique et du Crétacé, ce qui montre que cette plante a survécu à de nombreux bouleversements environnementaux, y compris l'extinction massive des dinosaures.

Le ginkgo biloba est un arbre à feuilles caduques qui peut atteindre une hauteur de 20 à 35 mètres. Ses feuilles en forme de éventail sont uniques et facilement reconnaissables. L'arbre est dioïque, ce qui signifie qu'il existe des individus mâles et femelles distincts. Les graines de ginkgo, qui sont comestibles, sont produites par les arbres femelles et sont souvent utilisées en médecine traditionnelle chinoise.

En raison de sa longue histoire et de sa résistance aux maladies, aux insectes et à la pollution, le ginkgo biloba est souvent planté comme arbre ornemental dans les parcs et les jardins du monde entier.

N°65 - LES PLANTES ÉPIPHYTES POUSSENT SUR D'AUTRES PLANTES SANS LEUR CAUSER DE DOMMAGES.

Les plantes épiphytes ne sont pas considérées comme des parasites, car elles ne prélèvent pas directement de nutriments de leur hôte. Au lieu de cela, elles puisent l'humidité et les nutriments nécessaires à leur survie dans l'air, la pluie et les débris organiques qui s'accumulent autour de leurs racines.

Parmi les plantes épiphytes les plus connues, on trouve certaines orchidées et broméliacées. Les orchidées épiphytes présentent une grande diversité de formes, de tailles et de couleurs. Elles possèdent des racines spécialisées, appelées racines aériennes, qui leur permettent d'absorber l'eau et les nutriments directement de l'air ambiant. Les broméliacées, comme les tillandsias, sont également des épiphytes et possèdent des feuilles en forme de rosette qui capturent l'eau de pluie et les débris organiques.

Les plantes épiphytes se rencontrent principalement dans les forêts tropicales et subtropicales, où l'humidité est élevée et les nutriments sont disponibles en abondance. Elles se développent généralement sur les branches et les troncs des arbres, profitant ainsi de la lumière du soleil

N°66 - LES PLANTES TROPICALES POSSÈDENT DES "RÉSERVOIRS" POUR L'EAU DE PLUIE.

Les broméliacées sont une famille de plantes tropicales qui comprennent plus de 3 000 espèces, dont l'ananas et de nombreuses plantes ornementales. Ces plantes possèdent une adaptation remarquable pour survivre dans leur habitat naturel, souvent caractérisé par des précipitations irrégulières et une forte humidité : elles ont développé des "réservoirs" pour recueillir et stocker l'eau de pluie.

Ces réservoirs sont formés par la base des feuilles, qui s'imbriquent les unes dans les autres, créant une cuvette en forme de rosette. L'eau de pluie, ainsi que les débris organiques, s'accumulent dans ces cuvettes, fournissant aux plantes une source d'eau et de nutriments. Certaines broméliacées, comme les tillandsias, sont également épiphytes et utilisent leurs racines aériennes pour absorber l'humidité directement de l'air.

En plus de leur fonction de stockage d'eau, ces réservoirs offrent également un habitat pour de nombreux petits organismes, comme les insectes, les amphibiens et les micro-organismes, qui contribuent à la décomposition des débris organiques et à la libération des nutriments.

N°67 - LES PLANTES DE LA FAMILLE DES ASTERACEAE PRODUISENT DE NOMBREUSES PETITES FLEURS REGROUPÉES POUR DONNER L'ILLUSION D'UNE SEULE GRANDE FLEUR.

La famille des Asteraceae, également connue sous le nom de Composées, est l'une des familles de plantes à fleurs les plus diversifiées et les plus répandues, comprenant plus de 23 000 espèces. Les plantes de cette famille, comme les marguerites, les tournesols, les asters et les chrysanthèmes, sont caractérisées par une inflorescence particulière appelée "capitule".

Le capitule est composé de nombreuses petites fleurs individuelles, appelées fleurons, qui sont regroupées de manière à donner l'illusion d'une seule grande fleur. Les fleurons peuvent être de deux types : les fleurons du disque, qui sont tubulaires et généralement situés au centre du capitule, et les fleurons ligulés, qui entourent les fleurons du disque et ressemblent à des pétales. Cette disposition unique permet à la plante d'attirer efficacement les pollinisateurs.

L'inflorescence en capitule présente également l'avantage d'optimiser la production de graines. Chaque fleuron produit une graine, ce qui permet à la plante de produire un grand nombre de graines à partir d'un seul capitule. Cette stratégie reproductive a contribué au succès et à la diversité des plantes de la famille des Asteraceae dans de nombreux habitats à travers le monde.

N°68 - LES GRAINES DE CERTAINES PLANTES SONT DISPERSÉES PAR LE VENT.

La dispersion des graines est essentielle pour la survie et la propagation des plantes. Certaines plantes, comme le pissenlit (Taraxacum officinale), ont développé des mécanismes de dispersion ingénieux pour assurer la dissémination de leurs graines sur de longues distances. Les graines du pissenlit sont munies de structures légères et duveteuses appelées aigrettes, qui leur permettent d'être transportées par le vent.

Lorsqu'un pissenlit arrive à maturité, son capitule se transforme en une boule de graines munies d'aigrettes, également appelée "akène plumeux". Lorsqu'il est exposé au vent, chaque akène se détache de la boule et est emporté sur de longues distances, ce qui augmente les chances de colonisation de nouveaux habitats. Ce mode de dispersion, appelé anémochorie, permet aux pissenlits de s'étendre rapidement et de coloniser de vastes étendues de terrain.

N°69 - LES PLANTES PROTOCARNIVORES CAPTURENT DES INSECTES SANS LES DIGÉRER.

Les plantes protocarnivores sont un groupe de plantes qui possèdent certaines caractéristiques des plantes carnivores, mais ne digèrent pas directement leurs proies. Un exemple notable de plante protocarnivore est Roridula, un genre de plantes sud-africaines qui capturent des insectes à l'aide de feuilles couvertes de glandes collantes. Bien que Roridula piège les insectes, elle ne possède pas de mécanismes pour les digérer.

Au lieu de cela, Roridula entretient une relation symbiotique avec des insectes prédateurs du genre Pameridea. Ces insectes se nourrissent des proies capturées par la plante et excrètent des déjections riches en nutriments que Roridula peut absorber. Cette association mutualiste permet à Roridula d'obtenir des nutriments, en particulier de l'azote, qui sont souvent rares dans les sols où elles poussent.

Les plantes protocarnivores représentent une étape intermédiaire dans l'évolution des plantes carnivores et mettent en évidence la diversité et la complexité des stratégies d'adaptation des plantes pour survivre dans des environnements pauvres en nutriments.

Le saule pleureur (Salix babylonica) est une espèce d'arbre originaire d'Asie, bien connue pour sa silhouette unique et attrayante. Comme son nom l'indique, le saule pleureur possède des branches souples et pendantes qui tombent gracieusement vers le sol, créant une sorte de rideau végétal et donnant l'impression que l'arbre "pleure". Ce port particulier est le résultat de la croissance naturelle de ses branches, qui poussent vers le bas plutôt que vers le haut.

Cet arbre est couramment utilisé dans les aménagements paysagers et les parcs pour son aspect esthétique et son ombrage. Il est également planté près des plans d'eau, car ses racines aident à stabiliser les berges et à prévenir l'érosion. En outre, le saule pleureur est apprécié pour ses qualités écologiques, car il offre un habitat à diverses espèces d'oiseaux et d'insectes. Ses fleurs, appelées chatons, sont une source importante de pollen et de nectar pour les pollinisateurs au début du printemps.

N°71 - LES PLANTES SUCCULENTES SONT SOUVENT CULTIVÉES POUR LEURS FORMES ET LEURS COULEURS ATTRAYANTES.

Les plantes succulentes sont un groupe diversifié de plantes caractérisées par leur capacité à stocker de l'eau dans leurs feuilles, leurs tiges ou leurs racines épaisses et charnues. Parmi les plantes succulentes les plus populaires, on trouve les Echeveria, un genre de plantes originaires d'Amérique centrale et du Mexique.

Les Echeveria sont particulièrement appréciées pour leurs formes et leurs couleurs attrayantes. Leurs feuilles charnues, disposées en rosettes compactes, présentent une grande variété de couleurs, allant du vert clair au violet foncé, en passant par le bleu-gris et le rose. De nombreuses espèces et variétés d'Echeveria produisent également des fleurs brillantes et colorées, ajoutant encore à leur attrait esthétique.

Ces plantes sont souvent cultivées en pots ou en jardinières, où elles peuvent être facilement admirées et entretenues. Elles sont également utilisées dans les jardins de rocaille, les murs végétalisés et les toits végétalisés en raison de leur faible besoin en eau et de leur résistance à la sécheresse. Les Echeveria sont particulièrement adaptées aux climats arides et aux environnements urbains où les ressources en eau sont limitées.

N°72 – LES PLANTES XÉROPHYTES S'ADAPTENT POUR SURVIVRE DANS DES ENVIRONNEMENTS SECS ET ARIDES.

Les plantes xérophytes sont un groupe de plantes qui ont développé des adaptations spécifiques pour survivre dans des environnements arides et secs, où l'eau est rare. Les cactus sont parmi les exemples les plus emblématiques de plantes xérophytes, mais d'autres plantes, telles que les aloès et les agaves, présentent également des caractéristiques xérophytiques.

Parmi les adaptations les plus notables des plantes xérophytes, on trouve la réduction des feuilles, qui limite la perte d'eau par évapotranspiration. Dans le cas des cactus, les feuilles sont transformées en épines, ce qui réduit encore davantage la surface d'échange avec l'air et limite la déshydratation. Les plantes xérophytes possèdent également des tissus spécialisés pour le stockage de l'eau, comme le parenchyme aquifère, qui permet de retenir l'eau pour une utilisation ultérieure.

De plus, les plantes xérophytes ont souvent développé des mécanismes pour réduire la perte d'eau pendant la photosynthèse, tels que l'ouverture des stomates la nuit pour limiter l'évaporation. Ce processus, appelé photosynthèse en CAM (Crassulacean Acid Metabolism), est une stratégie efficace pour maximiser l'utilisation de l'eau dans des conditions difficiles.

N°73 - LES PLANTES DE LA FAMILLE DES URTICACEAE POSSÈDENT DES POILS URTICANTS.

Les Urticaceae sont une famille de plantes dont certaines espèces, comme l'ortie (Urtica dioica), possèdent des poils urticants qui libèrent des substances irritantes lorsqu'ils sont touchés. Ces poils, appelés trichomes, sont généralement présents sur les feuilles et les tiges de ces plantes et servent à les protéger contre les herbivores et les prédateurs.

Lorsqu'un animal ou un humain touche ces poils, ils se brisent, libérant un cocktail de substances chimiques, notamment de l'acide formique, de l'histamine et de la sérotonine. Ces substances provoquent une réaction inflammatoire locale, entraînant des rougeurs, des démangeaisons et des douleurs. Bien que généralement bénigne, cette réaction peut être très désagréable et durer plusieurs heures.

Certaines espèces d'Urticaceae, en particulier les orties, ont également des usages médicinaux et culinaires. Les jeunes feuilles d'ortie peuvent être consommées après avoir été cuites, ce qui neutralise les poils urticants. Elles sont riches en vitamines et minéraux et sont utilisées dans diverses recettes, comme les soupes et les ragoûts. En médecine traditionnelle, l'ortie a été utilisée pour traiter diverses affections, notamment les allergies, les problèmes de peau et les douleurs articulaires.

111 faits incroyables sur les plantes

Le ficus étrangleur (Ficus spp.) est un exemple fascinant de stratégie de survie dans le règne végétal. Il appartient à la famille des Moraceae et est également connu sous le nom de "figuier étrangleur" en raison de sa méthode de croissance particulière. Ces arbres commencent généralement leur vie en tant qu'épiphytes, poussant sur d'autres arbres, où leurs graines sont déposées par des oiseaux ou d'autres animaux.

Au fur et à mesure de leur croissance, les ficus étrangleurs développent un réseau complexe de racines aériennes qui descendent du tronc et finissent par atteindre le sol. Ces racines se développent et s'épaississent avec le temps, englobant progressivement l'arbre hôte. En s'enroulant autour de l'arbre hôte, les racines du ficus étrangleur exercent une pression qui, associée à la compétition pour la lumière, l'eau et les nutriments, peut finir par tuer l'arbre hôte. Une fois l'arbre hôte mort et décomposé, le ficus étrangleur reste avec un tronc creux et un réseau de racines noueuses.

Les Araceae sont une famille de plantes qui comprend plus de 3 000 espèces, dont l'arum titan (Amorphophallus titanum). Cette famille est caractérisée par la production d'une inflorescence unique appelée spathe entourant un spadice. La spathe est une grande bractée, souvent colorée ou marquée, qui protège et met en valeur le spadice, qui est en réalité un axe floral portant de nombreuses petites fleurs.

Dans le cas de l'arum titan, la spathe est de couleur vert foncé à l'extérieur et rouge foncé à l'intérieur, et peut atteindre jusqu'à 3 mètres de hauteur. Le spadice, qui émerge du centre de la spathe, peut atteindre jusqu'à 6 mètres de hauteur, faisant de l'arum titan l'une des plus grandes inflorescences du monde.

L'arum titan est également célèbre pour son odeur de chair en décomposition, qui lui a valu le surnom de "fleur cadavre". Cette odeur nauséabonde sert à attirer les insectes pollinisateurs, tels que les mouches et les coléoptères, qui sont attirés par l'odeur et transportent le pollen d'une fleur à une autre, assurant ainsi la reproduction de la plante.

N°76 - LES CONIFÈRES PRODUISENT DES CÔNES POUR PROTÉGER ET DISPERSER LEURS GRAINES.

Les conifères sont un groupe de plantes gymnospermes qui comprend plus de 600 espèces, dont les pins, les sapins, les mélèzes et les cyprès. Ils sont particulièrement adaptés aux climats froids et tempérés et sont souvent associés aux forêts de montagne et aux régions boréales. Les conifères se caractérisent par leurs feuilles en forme d'aiguilles et par la production de cônes pour protéger et disperser leurs graines.

Les cônes sont des structures en forme d'écailles, composées de bractées ligneuses ou charnues, qui abritent les graines à l'intérieur. Il existe des cônes mâles et des cônes femelles, qui jouent des rôles différents dans la reproduction des conifères. Les cônes mâles produisent du pollen, tandis que les cônes femelles portent les ovules. Lorsque le pollen est libéré et transporté par le vent, il atteint les cônes femelles et féconde les ovules, permettant ainsi la formation de graines.

Une fois les graines mûres, les cônes femelles s'ouvrent pour les libérer, les dispersant ainsi dans l'environnement. Cette stratégie de dispersion des graines permet aux conifères de coloniser de nouveaux territoires et d'assurer leur survie à long terme.

111 faits incroyables sur les plantes

N°77 – LA CANNE À SUCRE EST LA PLANTE QUI PRODUIT LA PLUS GRANDE QUANTITÉ DE SUCRE PAR HECTARE CULTIVÉ.

La canne à sucre (Saccharum officinarum) est une plante tropicale appartenant à la famille des Poaceae, qui comprend également des graminées telles que le blé, le riz et le maïs. Elle est cultivée principalement pour sa tige, qui contient une grande quantité de saccharose, un sucre utilisé pour la production de sucre de table, de sirops et d'autres produits sucrés.

La canne à sucre est l'une des cultures les plus productives en termes de production de sucre par hectare cultivé. En moyenne, un hectare de canne à sucre peut produire entre 60 et 100 tonnes de tiges de canne à sucre, qui contiennent environ 10 à 18 % de saccharose. Cela se traduit par une production de sucre de 6 à 18 tonnes par hectare, ce qui est nettement supérieur à celle d'autres cultures sucrières, comme la betterave à sucre.

La culture de la canne à sucre requiert des conditions spécifiques, notamment un climat chaud et humide et un sol bien drainé. Les principales régions productrices de canne à sucre comprennent le Brésil, l'Inde, la Chine, la Thaïlande et le Pakistan. La production de sucre à partir de la canne à sucre est un processus industriel qui implique l'extraction du jus de la tige, la cristallisation du saccharose et la séparation des impuretés pour obtenir un produit fini de haute qualité.

111 faits incroyables sur les plantes

N°78 - LES PLANTES DE LA FAMILLE DES POACEAE SONT NOS PRINCIPALES SOURCES DE NOURRITURE.

La famille des Poaceae, également connue sous le nom de graminées, est l'une des familles de plantes les plus importantes pour l'alimentation humaine. Elle comprend environ 12 000 espèces réparties dans plus de 700 genres. Parmi les plantes les plus notables de cette famille figurent le blé, le maïs, le riz et l'orge, qui sont des cultures céréalières de base pour la plupart des populations mondiales.

Les céréales sont riches en glucides, en protéines et en fibres, et sont une source essentielle d'énergie pour les humains. Elles sont également utilisées pour nourrir le bétail et sont transformées en divers produits alimentaires tels que le pain, les pâtes, les céréales et les aliments pour animaux. Les plantes de la famille des Poaceae ont une grande importance économique et sont cultivées sur de vastes superficies à travers le monde.

N°79 – LES PLANTES DE LA FAMILLE DES APIACEAE SONT CULTIVÉES POUR LEURS FEUILLES, LEURS GRAINES ET LEURS RACINES COMESTIBLES.

La famille des Apiaceae, également appelée ombellifères, est un groupe de plantes qui comprend environ 3 700 espèces réparties dans plus de 430 genres. Cette famille est bien connue pour ses nombreuses plantes comestibles, telles que le persil, le céleri, le fenouil, la coriandre et l'aneth.

Ces plantes sont cultivées pour diverses parties comestibles, notamment les feuilles, les graines et les racines. Le persil, par exemple, est apprécié pour ses feuilles riches en vitamines et en minéraux, qui sont utilisées comme garniture ou comme ingrédient dans de nombreux plats. Le céleri est cultivé pour ses tiges croquantes et ses feuilles parfumées, qui sont consommées crues ou cuites. Les graines de certaines plantes Apiaceae, comme le cumin et la coriandre, sont utilisées comme épices pour aromatiser les plats.

En plus de leurs propriétés culinaires, les plantes de la famille des Apiaceae possèdent également des propriétés médicinales et sont utilisées dans la médecine traditionnelle pour traiter divers maux. Par exemple, le fenouil est réputé pour ses propriétés digestives et carminatives, tandis que la coriandre est utilisée pour soulager les troubles gastro-intestinaux et comme antispasmodique.

111 faits incroyables sur les plantes

N°80 - LES PLANTES DU GENRE QUERCUS PRODUISENT DES GLANDS QUI SONT CONSOMMÉS PAR DE NOMBREUX ANIMAUX.

Le genre Quercus, qui englobe les chênes, comprend environ 600 espèces d'arbres et d'arbustes répartis dans l'hémisphère nord, principalement dans les régions tempérées. Ces plantes sont particulièrement connues pour leurs glands, qui sont en réalité des fruits à noyau dur entourés d'une coque ligneuse. Les glands sont une source importante de nourriture pour de nombreux animaux sauvages, y compris les écureuils, les sangliers, les cerfs, les oiseaux et les rongeurs.

Les glands sont riches en amidon, en lipides et en protéines, ce qui les rend nutritifs pour les animaux. La production de glands peut varier d'une année à l'autre, avec certaines années présentant une abondance de glands, appelée "mast year". Cette variation de la production de glands a un impact sur les populations animales, car elle influence la disponibilité de la nourriture.

111 faits incroyables sur les plantes

N°81 – LES PLANTES DE LA FAMILLE DES FABACEAE SONT RICHES EN PROTÉINES ET CONSTITUENT UNE SOURCE IMPORTANTE DE NOURRITURE VÉGÉTALE.

La famille des Fabaceae, également connue sous le nom de légumineuses, est l'une des plus importantes familles de plantes pour l'alimentation humaine. Elle comprend plus de 19 000 espèces réparties dans environ 750 genres. Parmi les plantes les plus notables de cette famille figurent le soja, le pois chiche, les lentilles, les haricots et les arachides.

Les légumineuses sont une source essentielle de protéines végétales pour les humains, en particulier dans les régions où l'accès à la viande est limité ou pour les personnes qui suivent un régime végétarien ou végétalien. Elles sont également riches en fibres, en vitamines et en minéraux, ce qui en fait un aliment nutritif et sain.

De plus, les légumineuses ont la capacité unique de fixer l'azote atmosphérique grâce à la présence de nodules sur leurs racines, ce qui permet d'améliorer la qualité du sol et de réduire la nécessité d'apporter des engrais azotés. Cette caractéristique les rend particulièrement précieuses pour la rotation des cultures et la gestion durable des terres agricoles.

N°82 – LES PLANTES DIOÏQUES POSSÈDENT DES SEXES SÉPARÉS, AVEC DES INDIVIDUS MÂLES ET FEMELLES.

Les plantes dioïques sont des plantes qui possèdent des sexes séparés, c'est-à-dire qu'elles portent des organes reproducteurs mâles et femelles sur des individus distincts. Le houx (Ilex aquifolium) est un exemple bien connu de plante dioïque. Les plantes mâles produisent des fleurs contenant du pollen, tandis que les plantes femelles produisent des fleurs contenant des ovules. Pour que la pollinisation ait lieu et que des fruits se forment, le pollen doit être transféré d'une plante mâle à une plante femelle, généralement par l'intermédiaire d'insectes pollinisateurs.

Ce système de reproduction favorise la diversité génétique et la survie des espèces dans des conditions changeantes, car il favorise la production de descendants génétiquement variés. Cependant, cela signifie également que les plantes dioïques doivent être suffisamment proches les unes des autres pour permettre la pollinisation.

111 faits incroyables sur les plantes

N°83 - LA PLANTE DU GENRE WOLFFIA EST LA PLUS PETITE PLANTE À FLEURS DU MONDE, MESURANT MOINS DE 1 MILLIMÈTRE.

Le genre Wolffia, qui appartient à la famille des Araceae, comprend environ 11 espèces de plantes aquatiques flottantes, communément appelées lentilles d'eau. Ces plantes sont les plus petites plantes à fleurs au monde, avec des dimensions généralement inférieures à 1 millimètre. Malgré leur petite taille, elles possèdent toutes les caractéristiques des plantes à fleurs, y compris des fleurs minuscules et des fruits.

Les lentilles d'eau se propagent rapidement et peuvent couvrir de vastes étendues d'eau en peu de temps, formant parfois des tapis denses à la surface. Elles sont souvent considérées comme des plantes envahissantes, car elles peuvent étouffer d'autres plantes aquatiques en bloquant la lumière du soleil. Cependant, elles jouent également un rôle écologique en fournissant un habitat à de nombreux petits animaux aquatiques et en filtrant les nutriments de l'eau, ce qui peut contribuer à réduire la prolifération d'algues nuisibles.

N°84 - LES PLANTES DU GENRE TILLANDSIA SONT DES ÉPIPHYTES QUI ABSORBENT L'EAU ET LES NUTRIMENTS DIRECTEMENT DE L'AIR.

Le genre Tillandsia appartient à la famille des Bromeliaceae et compte environ 650 espèces de plantes épiphytes, parmi lesquelles la Tillandsia ionantha, également connue sous le nom de fille de l'air. Les plantes épiphytes sont des plantes qui poussent sur d'autres plantes, généralement des arbres, sans leur causer de dommages ni leur prendre de nutriments. Elles utilisent ces supports principalement pour se hisser vers la lumière du soleil, sans pour autant parasiter leur hôte.

Les Tillandsias ont développé des adaptations spécifiques pour absorber l'eau et les nutriments directement de l'air. Elles possèdent des structures appelées trichomes, qui sont des poils minuscules recouvrant la surface de leurs feuilles. Les trichomes permettent aux Tillandsias d'absorber l'eau de pluie, la rosée et l'humidité atmosphérique, ainsi que les nutriments dissous dans l'eau, tels que les sels minéraux et les déchets d'insectes.

Ces plantes sont très appréciées en horticulture pour leur facilité d'entretien et leur aspect ornemental. Elles peuvent être cultivées sans terre, fixées à des supports tels que des morceaux de bois, des pierres ou même suspendues dans l'air. La plupart des espèces de Tillandsia produisent également des fleurs colorées et parfumées, ajoutant un attrait supplémentaire à ces plantes uniques.

N°85 - LES PLANTES DE LA FAMILLE DES MUSACEAE SONT EN RÉALITÉ DES HERBACÉES GÉANTES ET NON DES ARBRES.

Les plantes de la famille des Musaceae, y compris les bananiers (genre Musa), sont souvent considérées à tort comme des arbres en raison de leur apparence et de leur taille, qui peuvent atteindre jusqu'à 9 mètres de hauteur. Cependant, ce sont en réalité des herbacées géantes, car elles ne possèdent pas de tissus ligneux typiques des arbres.

Le "tronc" du bananier est en fait une structure appelée "faux tronc" ou "stipe", constituée de gaines emboîtées des feuilles basales. Cette structure rigide et fibreuse permet à la plante de supporter son poids et de se maintenir droite, mais elle est composée de tissus mous et non ligneux.

Les bananiers produisent des fruits sans pépins, appelés bananes, qui sont parmi les fruits les plus populaires et les plus consommés dans le monde. Les bananes sont riches en nutriments tels que le potassium, les vitamines et les fibres alimentaires. En outre, certaines espèces de Musaceae, comme le bananier à fibres (Musa textilis), sont utilisées pour produire des fibres naturelles pour la fabrication de cordes, de textiles et de papier.

N°86 - LES PLANTES DE LA FAMILLE DES ROSACEAE SONT CULTIVÉES POUR LEURS FRUITS COMESTIBLES ET LEURS FLEURS ORNEMENTALES.

La famille des Rosaceae est l'une des familles de plantes les plus diversifiées, comprenant environ 3 000 espèces réparties dans plus de 90 genres. Elle est surtout connue pour ses fruits comestibles et ses fleurs ornementales. Les Rosaceae englobent des arbres, des arbustes et des plantes herbacées, et on les trouve dans différentes régions du monde, des zones tempérées aux zones tropicales.

Parmi les fruits les plus populaires de cette famille figurent la pomme (Malus domestica), la poire (Pyrus communis), la cerise (Prunus avium), la pêche (Prunus persica) et la framboise (Rubus idaeus). Ces fruits sont appréciés pour leur goût, leur valeur nutritive et leurs multiples usages en cuisine. Ils sont également une source importante de vitamines, de minéraux et de fibres alimentaires.

En plus de leurs fruits comestibles, de nombreuses plantes de la famille des Rosaceae sont cultivées pour leurs fleurs ornementales. Les roses (Rosa spp.), par exemple, sont très appréciées pour leur beauté et leur parfum, et sont souvent utilisées en horticulture et dans l'industrie des fleurs coupées.

N°87 - LES PLANTES DE LA FAMILLE DES BRASSICACEAE SONT CULTIVÉES POUR LEURS PARTIES COMESTIBLES, NOTAMMENT LES FEUILLES, LES FLEURS ET LES TIGES.

La famille des Brassicaceae, anciennement appelée Cruciferae, compte environ 330 genres et 3 700 espèces de plantes. Cette famille est originaire des régions tempérées de l'hémisphère nord, mais certaines espèces se sont également adaptées aux conditions tropicales et subtropicales. Les Brassicaceae sont particulièrement importantes pour l'agriculture et l'alimentation humaine, car de nombreuses espèces sont cultivées pour leurs parties comestibles.

Le chou (Brassica oleracea) est un exemple bien connu de plante de la famille des Brassicaceae. Il est cultivé pour ses feuilles, qui peuvent être consommées crues ou cuites et sont riches en vitamines et en minéraux. Le brocoli (Brassica oleracea var. italica) est une autre plante de cette famille, cultivée pour ses fleurons comestibles, qui sont en réalité des inflorescences immatures.

D'autres plantes de la famille des Brassicaceae sont également cultivées pour leurs graines, comme le colza (Brassica napus) et la moutarde (Brassica spp.), qui sont utilisées pour produire de l'huile de cuisson et des condiments. En outre, certaines espèces de cette famille possèdent des propriétés médicinales et sont utilisées en phytothérapie.

La famille des Cucurbitaceae comprend environ 965 espèces réparties dans 95 genres. Elle englobe des plantes herbacées annuelles ou pérennes, grimpantes ou rampantes, originaires des régions tropicales et tempérées. Cette famille de plantes est surtout connue pour ses fruits comestibles, souvent cultivés pour leur valeur nutritive et leur diversité de formes, de tailles et de saveurs.

Parmi les fruits les plus populaires de cette famille figurent la courge (Cucurbita spp.), le melon (Cucumis melo), la pastèque (Citrullus lanatus) et le concombre (Cucumis sativus). Ces fruits sont appréciés pour leur goût, leur texture et leur valeur nutritive. Ils sont également riches en vitamines, minéraux et fibres alimentaires, ce qui en fait des aliments sains et équilibrés.

En outre, certaines espèces de Cucurbitaceae sont cultivées pour leurs graines comestibles, comme les graines de courge, qui sont une excellente source de protéines, de fibres et d'acides gras essentiels. Les Cucurbitaceae sont également utilisées dans la médecine traditionnelle et en phytothérapie pour traiter diverses affections.

N°89 – LES PLANTES DU GENRE ALLIUM SONT CULTIVÉES POUR LEURS BULBES COMESTIBLES ET LEURS PROPRIÉTÉS MÉDICINALES.

Le genre Allium fait partie de la famille des Amaryllidaceae et compte environ 920 espèces de plantes herbacées, principalement pérennes. Ces plantes sont originaires des régions tempérées de l'hémisphère nord et sont caractérisées par leurs bulbes comestibles, leurs tiges creuses et leurs fleurs en forme d'ombelle.

Parmi les espèces les plus connues de ce genre figurent l'oignon (Allium cepa), l'ail (Allium sativum), la ciboulette (Allium schoenoprasum) et l'échalote (Allium cepa var. aggregatum). Ces plantes sont cultivées pour leurs bulbes comestibles, qui sont utilisés dans une grande variété de plats culinaires pour ajouter de la saveur et de l'arôme. Les bulbes d'Allium sont également riches en vitamines, en minéraux et en composés soufrés, qui présentent des propriétés antioxydantes, antibactériennes et antifongiques.

En plus de leurs usages culinaires, les plantes du genre Allium sont également appréciées pour leurs propriétés médicinales. L'ail, par exemple, est utilisé depuis des siècles pour traiter diverses affections, notamment les infections, les maladies cardiovasculaires et les troubles digestifs. Des études scientifiques ont également montré que la consommation régulière d'ail peut contribuer à réduire le risque de certains cancers.

111 faits incroyables sur les plantes

N°90 - LES PLANTES DE LA FAMILLE DES SOLANACEAE SONT CULTIVÉES POUR LEURS FRUITS COMESTIBLES ET PARFOIS POUR LEURS FEUILLES.

La famille des Solanaceae comprend environ 2 700 espèces réparties dans 98 genres. Elle englobe des plantes herbacées, des arbustes et des arbres originaires des régions tropicales, subtropicales et tempérées. Cette famille est particulièrement connue pour ses fruits comestibles tels que les piments (Capsicum spp.), les poivrons (Capsicum annuum), les tomates (Solanum lycopersicum) et les aubergines (Solanum melongena).

Ces fruits sont appréciés pour leurs saveurs variées, leur texture et leur valeur nutritive. Ils sont riches en vitamines, minéraux et composés phytochimiques bénéfiques pour la santé. Les piments et les poivrons, par exemple, contiennent des capsaïcinoïdes, des composés responsables de la sensation de chaleur, qui ont des propriétés antioxydantes, anti-inflammatoires et analgésiques.

Certaines espèces de Solanaceae sont également cultivées pour leurs feuilles comestibles, comme la morelle noire (Solanum nigrum) et la physalis (Physalis spp.). Cependant, il est important de noter que certaines parties de ces plantes peuvent contenir des alcaloïdes toxiques, tels que la solanine, et doivent être consommées avec prudence.

111 faits incroyables sur les plantes

La famille des Lamiaceae, également appelée famille des labiées, comprend environ 7 200 espèces réparties dans 236 genres. Elle englobe des plantes herbacées, des arbustes et des arbres originaires des régions tempérées et tropicales. Les Lamiaceae sont caractérisées par leurs feuilles opposées, leurs fleurs bilabiées et leur tige carrée.

Cette famille de plantes est bien connue pour ses feuilles aromatiques, qui sont souvent utilisées en cuisine, en phytothérapie et en parfumerie. Parmi les espèces les plus populaires figurent la menthe (Mentha spp.), la sauge (Salvia spp.), le thym (Thymus spp.), le romarin (Rosmarinus officinalis) et la lavande (Lavandula spp.).

Les feuilles de ces plantes sont riches en huiles essentielles, qui confèrent leur arôme caractéristique et possèdent des propriétés médicinales. Les huiles essentielles sont souvent utilisées pour traiter diverses affections, telles que les problèmes digestifs, les infections respiratoires et les troubles cutanés. Elles ont également des propriétés antioxydantes, antibactériennes, antifongiques et anti-inflammatoires.

111 faits incroyables sur les plantes

Le genre Eucalyptus appartient à la famille des Myrtaceae et comprend environ 700 espèces d'arbres et d'arbustes, principalement originaires d'Australie. Ces plantes sont caractérisées par leurs feuilles persistantes, leurs fleurs en forme de coupe et leur écorce distinctive, qui se détache souvent en fines lamelles ou en larges plaques. Les eucalyptus sont cultivés pour leur bois, qui est utilisé dans la construction, la fabrication de meubles, la production de pâte à papier et de biomasse pour l'énergie. Le bois d'eucalyptus est apprécié pour sa résistance, sa durabilité et sa croissance rapide, ce qui en fait une ressource renouvelable attrayante.

Les eucalyptus sont également cultivés pour leur huile essentielle, qui est obtenue par distillation des feuilles. L'huile d'eucalyptus est riche en composés tels que l'eucalyptol, qui possède des propriétés antiseptiques, anti-inflammatoires et expectorantes. Elle est couramment utilisée dans les produits pharmaceutiques, les cosmétiques et les produits d'entretien ménager.

En médecine traditionnelle, les feuilles d'eucalyptus sont utilisées pour traiter diverses affections, notamment les infections respiratoires, les maux de gorge et les rhumatismes. Des études scientifiques ont également montré que l'huile d'eucalyptus possède des propriétés antimicrobiennes et peut aider à stimuler le système immunitaire.

N°93 - LES PLANTES DE LA FAMILLE DES ARECACEAE SONT CULTIVÉES POUR LEURS FRUITS ET LEURS FIBRES.

La famille des Arecaceae, également connue sous le nom de Palmae, comprend environ 2 600 espèces réparties dans 181 genres. Elle englobe des arbres, des arbustes et des lianes originaires des régions tropicales et subtropicales. Les palmiers sont caractérisés par leurs feuilles en forme de palmes ou de plumes, leurs troncs non ramifiés et leurs inflorescences ramifiées.

Parmi les espèces les plus cultivées de cette famille figurent le palmier à huile (Elaeis guineensis) et le cocotier (Cocos nucifera). Le palmier à huile est principalement cultivé pour ses fruits, qui sont utilisés pour produire de l'huile de palme, une huile végétale largement utilisée dans l'alimentation, les cosmétiques et les biocarburants. Le cocotier est également cultivé pour ses fruits, les noix de coco, qui sont utilisées pour produire de l'eau de coco, du lait de coco, de l'huile de coco et de la chair de coco.

Outre leurs fruits, les palmiers sont également cultivés pour leurs fibres, qui sont utilisées dans la fabrication de cordes, de nattes, de paniers et de matériaux de construction. Par exemple, le raphia (Raphia spp.) est une source importante de fibres utilisées dans l'artisanat, tandis que le palmier à chanvre (Trachycarpus fortunei) fournit des fibres résistantes pour la fabrication de cordes et de tissus.

111 faits incroyables sur les plantes

N°94 - LES PLANTES DE LA FAMILLE DES MALVACEAE SONT CULTIVÉES POUR LEURS FIBRES ET LEURS FLEURS ORNEMENTALES.

La famille des Malvaceae comprend environ 4 225 espèces réparties dans 244 genres. Elle englobe des plantes herbacées, des arbustes, des arbres et des lianes, principalement originaires des régions tropicales et subtropicales. Les Malvaceae sont caractérisées par leurs fleurs généralement en forme d'entonnoir, leurs feuilles palmées et leurs fruits en forme de capsule.

Le coton (Gossypium spp.) est l'une des principales plantes de cette famille, cultivée pour ses fibres utilisées dans la production de textiles. Les fibres de coton sont douces, absorbantes et résistantes, ce qui en fait un matériau idéal pour la fabrication de vêtements, de literie et de divers autres produits textiles. Le coton est également une source importante d'huile végétale et de tourteau de coton, un sous-produit utilisé comme engrais et aliment pour le bétail.

L'hibiscus (Hibiscus spp.) est une autre plante populaire de la famille des Malvaceae, cultivée pour ses fleurs ornementales. Les fleurs d'hibiscus sont grandes, colorées et attrayantes, ce qui en fait des plantes prisées pour les jardins et les aménagements paysagers. Certaines espèces d'hibiscus, comme l'hibiscus sabdariffa, sont également cultivées pour leurs calices comestibles, utilisés pour préparer des boissons, des confitures et des sauces.

N°95 - LES PLANTES DE LA FAMILLE DES RUBIACEAE SONT CULTIVÉES POUR LEURS GRAINES ET LEURS FLEURS ORNEMENTALES.

La famille des Rubiaceae est l'une des plus grandes familles de plantes à fleurs, comprenant environ 13 500 espèces réparties dans 620 genres. Elle englobe des plantes herbacées, des arbustes et des arbres, principalement originaires des régions tropicales et subtropicales. Les Rubiaceae sont caractérisées par leurs feuilles opposées, leurs fleurs tubulaires et leurs fruits en forme de baie ou de capsule.

Le café (Coffea spp.) est l'une des principales plantes de cette famille, cultivée pour ses graines, appelées grains de café. Les grains de café sont torréfiés, moulus et infusés pour produire la boisson énergisante et aromatique que nous connaissons tous. Le café est une culture économiquement importante, et sa production et sa consommation ont un impact significatif sur l'économie mondiale.

Le gardénia (Gardenia spp.) est une autre plante populaire de la famille des Rubiaceae, cultivée pour ses fleurs ornementales. Les fleurs de gardénia sont grandes, blanches et parfumées, ce qui en fait des plantes prisées pour les jardins, les aménagements paysagers et la production de parfums. Certaines espèces de gardénia, comme le Gardenia jasminoides, sont également utilisées en médecine traditionnelle pour traiter diverses affections, notamment les infections, les inflammations et les troubles digestifs.

La famille des Moraceae comprend environ 1 100 espèces réparties dans 37 genres. Elle englobe des plantes herbacées, des arbustes, des arbres et des lianes, principalement originaires des régions tropicales et subtropicales. Les Moraceae sont caractérisées par leurs feuilles alternes, leurs fleurs discrètes et leurs fruits en forme de baie ou d'akène.

Le mûrier (Morus spp.) est l'une des principales plantes de cette famille, cultivée pour ses fruits comestibles, appelés mûres, et ses feuilles. Les mûres sont appréciées pour leur goût sucré et leur richesse en vitamines, minéraux et antioxydants. Les feuilles de mûrier servent également de nourriture pour les vers à soie, dont les cocons fournissent la soie, une fibre naturelle précieuse utilisée dans la production de textiles.

Le figuier (Ficus spp.) est une autre plante importante de la famille des Moraceae, cultivée pour ses fruits comestibles, les figues. Les figues sont riches en fibres, en vitamines et en minéraux, et sont consommées fraîches, séchées ou transformées en confitures et autres produits. Certaines espèces de figuiers, comme le Ficus benghalensis et le Ficus elastica, sont également cultivées pour leur valeur ornementale et leur capacité à purifier l'air.

La famille des Anacardiaceae comprend environ 860 espèces réparties dans 82 genres. Elle englobe des plantes herbacées, des arbustes et des arbres originaires des régions tropicales, subtropicales et tempérées. Les Anacardiaceae sont caractérisées par leurs feuilles composées, leurs fleurs en forme d'ombelle et leurs fruits en forme de drupe.

La mangue (Mangifera spp.) est l'une des principales plantes de cette famille, cultivée pour ses fruits comestibles. Les mangues sont appréciées pour leur goût sucré et juteux, leur texture tendre et leur richesse en vitamines, minéraux et antioxydants. Les mangues sont consommées fraîches, séchées ou transformées en jus, confitures et autres produits.

Le sumac (Rhus spp.) est une autre plante importante de la famille des Anacardiaceae, cultivée pour ses fruits comestibles et ses résines. Les fruits du sumac sont utilisés comme épice dans diverses cuisines, notamment la cuisine du Moyen-Orient. Les résines de certaines espèces de sumac, comme le Rhus coriaria et le Rhus glabra, ont des propriétés médicinales et sont utilisées en médecine traditionnelle pour traiter diverses affections, notamment les infections, les inflammations et les troubles digestifs.

N°98 - LES PLANTES DE LA FAMILLE DES APOCYNACEAE SONT CULTIVÉES POUR LEURS FLEURS ORNEMENTALES ET LEURS PROPRIÉTÉS MÉDICINALES.

La famille des Apocynaceae comprend environ 5 000 espèces réparties dans 366 genres. Elle englobe des plantes herbacées, des arbustes, des arbres et des lianes, principalement originaires des régions tropicales et subtropicales. Les Apocynaceae sont caractérisées par leurs feuilles opposées, leurs fleurs à cinq pétales et leur latex toxique.

Le frangipanier (Plumeria spp.) est l'une des principales plantes de cette famille, cultivé pour ses fleurs ornementales. Les fleurs du frangipanier, appelées aussi fleurs de plumeria, sont très parfumées et sont utilisées pour la fabrication de colliers de fleurs, comme les leis hawaïens. Les frangipaniers sont également appréciés pour leur aspect esthétique et leur capacité à résister à la sécheresse.

L'asclepiade (Asclepias spp.) est une autre plante importante de la famille des Apocynaceae, cultivée pour ses fleurs ornementales et ses propriétés médicinales. Les fleurs de l'asclepiade sont souvent colorées et complexes, et attirent les pollinisateurs, notamment les papillons monarques. Certaines espèces d'asclepiades, comme l'Asclepias tuberosa, ont des propriétés médicinales et sont utilisées en médecine traditionnelle pour traiter diverses affections, notamment les problèmes respiratoires et digestifs.

N°99 - LES PLANTES DE LA FAMILLE DES ASPARAGACEAE SONT CULTIVÉES POUR LEURS PARTIES COMESTIBLES ET LEURS FIBRES.

La famille des Asparagaceae comprend environ 2 500 espèces réparties dans 114 genres. Elle englobe des plantes herbacées, des arbustes et des lianes, originaires des régions tropicales, subtropicales et tempérées. Les Asparagaceae sont caractérisées par leurs feuilles alternes et leurs fleurs en forme d'ombelle.

L'asparagus (Asparagus spp.) est l'une des principales plantes de cette famille, cultivé pour ses parties comestibles. Les jeunes pousses d'asparagus, appelées aussi asperges, sont riches en vitamines, minéraux et fibres, et sont consommées comme légume. Les asperges peuvent être préparées de différentes manières, notamment bouillies, grillées ou sautées.

L'agave (Agave spp.) est une autre plante importante de la famille des Asparagaceae, cultivée pour ses fibres et ses parties comestibles. Les feuilles de l'agave contiennent des fibres résistantes, appelées sisal, qui sont utilisées pour fabriquer des cordages, des tapis et d'autres produits. Le cœur de l'agave, appelé aussi piña, est riche en sucre et est utilisé pour produire des boissons fermentées, comme le pulque, ou des spiritueux, comme la tequila et le mezcal.

La famille des Zingiberaceae comprend environ 1 600 espèces réparties dans 53 genres. Elle englobe des plantes herbacées, principalement originaires des régions tropicales d'Asie, d'Afrique et d'Amérique. Les Zingiberaceae sont caractérisées par leurs rhizomes aromatiques, leurs feuilles alternes et leurs fleurs en forme de bractées.

Le gingembre (Zingiber officinale) est l'une des principales plantes de cette famille, cultivé pour son rhizome comestible. Le rhizome de gingembre, riche en saveurs et en arômes, est utilisé comme épice dans de nombreux plats sucrés et salés, ainsi que comme ingrédient dans des boissons et des médicaments. Le gingembre possède également des propriétés médicinales et est utilisé pour soulager les nausées, les douleurs et l'inflammation.

Le curcuma (Curcuma longa) est une autre plante importante de la famille des Zingiberaceae, cultivée pour son rhizome comestible et ses propriétés médicinales. Le rhizome de curcuma est utilisé comme épice pour donner une couleur jaune orangé et une saveur légèrement amère à divers plats, notamment les currys. Le curcuma contient une substance active appelée curcumine, qui possède des propriétés anti-inflammatoires, antioxydantes et anticancéreuses.

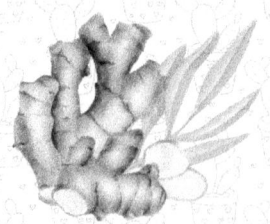

La famille des Lauraceae comprend environ 2 500 espèces réparties dans 45 genres. Elle englobe des arbres et des arbustes, principalement originaires des régions tropicales et subtropicales. Les Lauraceae sont caractérisées par leurs feuilles persistantes et leurs fleurs en forme d'ombelle.

Le laurier (Laurus nobilis) est l'une des principales plantes de cette famille, cultivé pour ses feuilles et ses huiles essentielles. Les feuilles de laurier, également appelées laurier-sauce, sont utilisées comme condiment pour aromatiser divers plats, notamment les soupes, les ragoûts et les sauces. Les huiles essentielles de laurier possèdent des propriétés antibactériennes, antifongiques et anti-inflammatoires.

L'avocat (Persea americana) est une autre plante importante de la famille des Lauraceae, cultivée pour ses fruits. Les fruits de l'avocat, appelés aussi avocats, sont riches en graisses monoinsaturées, en vitamines et en minéraux, et sont consommés comme légume-fruit. L'avocat est utilisé dans diverses préparations culinaires, notamment les salades, les sandwichs et le guacamole. L'huile d'avocat, extraite de la pulpe du fruit, est également utilisée pour ses propriétés nutritionnelles et cosmétiques.

N°102 - LES PLANTES DE LA FAMILLE DES RUTACEAE SONT CULTIVÉES POUR LEURS FRUITS ET LEURS HUILES ESSENTIELLES.

La famille des Rutaceae comprend environ 1 600 espèces réparties dans 150 genres. Elle englobe des arbres et des arbustes, principalement originaires des régions tropicales et subtropicales. Les Rutaceae sont caractérisées par leurs feuilles composées, leurs fleurs à cinq pétales et leurs fruits en forme de baies ou de capsules.

Les agrumes, tels que l'orange (Citrus sinensis) et le citron (Citrus limon), sont des représentants importants de la famille des Rutaceae. Ces plantes sont cultivées pour leurs fruits juteux, riches en vitamine C et en antioxydants. Les agrumes sont consommés frais, en jus ou dans diverses préparations culinaires. Les écorces d'agrumes sont également utilisées pour leurs huiles essentielles, qui possèdent des propriétés antibactériennes, antivirales et anti-inflammatoires. Les huiles essentielles d'agrumes sont utilisées en parfumerie, en aromathérapie et comme ingrédients dans les produits de nettoyage.

111 faits incroyables sur les plantes

La famille des Myrtaceae compte environ 5 800 espèces réparties dans 150 genres. Elle comprend des arbres et des arbustes, principalement originaires des régions tropicales et subtropicales. Les Myrtaceae se caractérisent par leurs feuilles opposées, leurs fleurs à quatre ou cinq pétales et leurs fruits en forme de baies ou de capsules.

La goyave (Psidium guajava) est un représentant important de la famille des Myrtaceae, cultivée pour ses fruits comestibles. Les fruits de la goyave sont riches en vitamine C, en fibres et en antioxydants. Ils sont consommés frais ou transformés en jus, confitures et desserts. La goyave est également utilisée en médecine traditionnelle pour traiter diverses affections, notamment les infections et les troubles digestifs.

Le myrte (Myrtus communis) est une autre plante importante de la famille des Myrtaceae, cultivée pour ses fleurs ornementales et ses propriétés médicinales. Les fleurs du myrte sont blanches ou roses, parfumées et très appréciées en tant que plantes ornementales. Les feuilles et les fruits du myrte sont également utilisés en médecine traditionnelle pour leurs propriétés antibactériennes, antifongiques et anti-inflammatoires.

N°104 - LES PLANTES DE LA FAMILLE DES OLEACEAE SONT CULTIVÉES POUR LEURS FRUITS, LEURS HUILES ET LEURS FLEURS ORNEMENTALES.

La famille des Oleaceae compte environ 600 espèces réparties dans 24 genres et comprend des arbres, des arbustes et des lianes, principalement originaires des régions tempérées et subtropicales. Les Oleaceae se caractérisent par leurs feuilles opposées, leurs fleurs à quatre pétales et leurs fruits en forme de drupes ou de capsules.

L'olivier (Olea europaea) est un représentant emblématique de la famille des Oleaceae, cultivé pour ses fruits et son huile. Les olives sont consommées fraîches, marinées ou transformées en huile d'olive, riche en acides gras monoinsaturés et en antioxydants, bénéfique pour la santé cardiovasculaire. L'huile d'olive est également utilisée en cosmétique et en savonnerie.

Le lilas (Syringa vulgaris) est un autre membre important de la famille des Oleaceae, cultivé pour ses fleurs ornementales. Les fleurs du lilas sont parfumées et regroupées en grappes, elles sont appréciées pour leur beauté et leur parfum. Les lilas sont souvent utilisés dans les jardins et les parcs comme arbustes décoratifs ou pour créer des haies.

111 faits incroyables sur les plantes

La famille des Orchidaceae est l'une des plus vastes et des plus diversifiées parmi les plantes à fleurs, avec environ 25 000 espèces réparties dans 880 genres. Les orchidées se distinguent par leurs fleurs bilatéralement symétriques et leur association étroite avec les champignons mycorhiziens pour l'absorption des nutriments.

Les orchidées sont cultivées principalement pour leurs fleurs ornementales, qui présentent une grande variété de formes, de couleurs et de parfums. Les orchidées sont appréciées pour leur beauté exotique et leur longue durée de vie en tant que fleurs coupées. Certaines espèces d'orchidées, comme Phalaenopsis et Cattleya, sont particulièrement populaires en horticulture.

La vanille (Vanilla planifolia) est également un membre de la famille des Orchidaceae, cultivée pour ses gousses aromatiques. Les gousses de vanille sont utilisées comme épice pour parfumer les aliments, les boissons et les produits de boulangerie. La vanille est l'une des épices les plus chères en raison de son processus de culture et de récolte complexe et laborieux, qui implique la pollinisation manuelle des fleurs et un long processus de fermentation et de séchage des gousses.

La famille des Passifloraceae comprend environ 750 espèces réparties dans 27 genres, principalement des lianes et des arbustes originaires des régions tropicales et subtropicales. Les Passifloraceae se caractérisent par leurs fleurs complexes et colorées, leurs feuilles alternes et leurs fruits en forme de baies ou de capsules.

La passiflore (Passiflora incarnata) est une espèce représentative de cette famille, cultivée pour ses fleurs ornementales et ses propriétés médicinales. Les fleurs de la passiflore sont très appréciées pour leur beauté exotique et leur symbolisme religieux. Les parties aériennes de la plante sont utilisées en phytothérapie pour traiter l'insomnie, l'anxiété et les troubles nerveux.

Le fruit de la passion (Passiflora ligularis) est un autre membre important de la famille des Passifloraceae, cultivé pour ses fruits comestibles. Les fruits de la passion sont riches en vitamines, en minéraux et en antioxydants, et sont consommés frais ou transformés en jus, en confitures et en desserts. Les fruits ont également des propriétés médicinales, notamment pour soulager l'asthme et la toux.

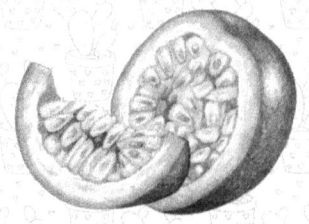

N°107 – LES PLANTES DE LA FAMILLE DES PIPERACEAE SONT CULTIVÉES POUR LEURS GRAINES ET LEURS PROPRIÉTÉS MÉDICINALES.

La famille des Piperaceae compte environ 3 600 espèces réparties dans 13 genres, principalement des arbustes et des lianes originaires des régions tropicales et subtropicales. Les Piperaceae se caractérisent par leurs feuilles alternes, leurs inflorescences en épis et leurs fruits en forme de drupes.

Le poivre (Piper nigrum) est l'espèce la plus connue de la famille des Piperaceae, cultivée pour ses graines utilisées comme épice. Les grains de poivre sont récoltés à différents stades de maturité et séchés ou fermentés pour produire du poivre noir, blanc, vert ou rouge. Le poivre est l'une des épices les plus anciennes et les plus populaires, utilisée pour rehausser la saveur des aliments et pour ses propriétés médicinales, notamment pour améliorer la digestion et la circulation sanguine.

La kava (Piper methysticum) est une autre espèce importante de la famille des Piperaceae, cultivée pour ses racines utilisées dans les rituels et les préparations médicinales. La kava est traditionnellement consommée sous forme de boisson dans les îles du Pacifique, où elle est appréciée pour ses effets relaxants et anxiolytiques. Les extraits de kava sont également utilisés en phytothérapie pour traiter l'anxiété, l'insomnie et les troublesnerveux, bien que leur utilisation soit parfois controversée en raison de préoccupations concernant la toxicité hépatique potentielle.

La famille des Polygonaceae compte environ 1 200 espèces réparties dans 50 genres, principalement des herbacées et des arbustes originaires des régions tempérées et subtropicales. Les Polygonaceae se caractérisent par leurs feuilles alternes, leurs fleurs en grappes et leurs fruits en forme d'akènes.

La rhubarbe (Rheum rhabarbarum) est une espèce de la famille des Polygonaceae, cultivée pour ses pétioles comestibles. Les pétioles de la rhubarbe sont consommés cuits en compotes, confitures, tartes et autres desserts, et sont appréciés pour leur saveur acidulée et leur texture fondante. Les feuilles de la rhubarbe sont toxiques en raison de leur teneur élevée en acide oxalique et ne doivent pas être consommées.

Le sarrasin (Fagopyrum esculentum) est un autre membre important de la famille des Polygonaceae, cultivé pour ses graines. Les graines de sarrasin sont consommées sous forme de farine, de gruau ou de flocons et sont appréciées pour leur valeur nutritionnelle, notamment leur teneur en protéines, en fibres et en minéraux. Le sarrasin est également utilisé comme plante de couverture et comme source de nectar pour les abeilles.

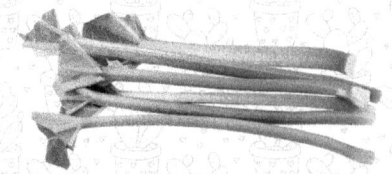

La famille des Theaceae comprend environ 620 espèces réparties dans 40 genres, principalement des arbres et des arbustes originaires des régions tropicales et subtropicales d'Asie. Les Theaceae se caractérisent par leurs feuilles persistantes, leurs fleurs solitaires ou en grappes et leurs fruits en forme de capsules.

Le théier (Camellia sinensis) est l'espèce la plus emblématique de la famille des Theaceae, cultivée pour ses feuilles utilisées dans la production de thé. Les feuilles de thé sont récoltées et transformées selon différentes méthodes pour produire du thé vert, noir, blanc, oolong ou pu-erh. Le thé est la boisson la plus consommée au monde après l'eau et est apprécié pour ses saveurs variées, ses effets stimulants et ses propriétés antioxydantes.

Le camélia (Camellia japonica) est une autre espèce importante de la famille des Theaceae, cultivée pour ses fleurs ornementales. Les camélias sont appréciés pour leurs fleurs grandes et colorées, qui varient du blanc au rouge en passant par le rose et le pourpre. Les amélias sont souvent utilisés dans les jardins, les parcs et les compositions florales pour leur beauté et leur parfum délicat. Certains camélias sont également cultivés pour leurs graines, qui sont une source d'huile végétale utilisée en cuisine et en cosmétique.

La famille des Vitaceae comprend environ 950 espèces réparties dans 17 genres, principalement des plantes grimpantes et des lianes originaires des régions tropicales et tempérées. Les Vitaceae sont caractérisées par leurs tiges grimpantes, leurs feuilles opposées et leurs fleurs en grappes.

La vigne (Vitis vinifera) est l'espèce la plus emblématique de la famille des Vitaceae, cultivée pour ses fruits, les raisins. Les raisins sont consommés frais, séchés sous forme de raisins secs ou transformés en jus, en confiture et en vinaigre. La principale utilisation des raisins est toutefois la production de vin, une boisson alcoolisée obtenue par fermentation du jus de raisin. La viticulture, la culture de la vigne pour la production de raisins et de vin, est une activité agricole majeure dans de nombreuses régions du monde, notamment en Europe, en Amérique du Nord et en Australie.

N°111 – LES PLANTES DE LA FAMILLE DES CANNABACEAE SONT CULTIVÉES POUR LEURS FLEURS, LEURS GRAINES ET LEURS FIBRES.

La famille des Cannabaceae compte environ 170 espèces réparties dans 11 genres, principalement des arbres, des arbustes et des herbacées originaires des régions tempérées et tropicales. Les Cannabaceae se caractérisent par leurs feuilles opposées ou alternes, leurs fleurs unisexuées et leurs fruits en forme d'akènes.

Le houblon (Humulus lupulus) est une espèce de la famille des Cannabaceae, cultivée pour ses fleurs femelles appelées cônes. Les cônes de houblon sont utilisés dans la production de bière pour leur amertume, leur arôme et leurs propriétés antiseptiques. Le houblon est également utilisé en phytothérapie pour ses propriétés calmantes et sédatives.

Le cannabis (Cannabis sativa, Cannabis indica et Cannabis ruderalis) est une autre espèce importante de la famille des Cannabaceae, cultivée pour ses fleurs, ses graines et ses fibres. Les fleurs de cannabis contiennent des substances psychoactives, notamment le tétrahydrocannabinol (THC), utilisées à des fins récréatives, médicinales et religieuses. Les graines de cannabis sont consommées pour leur valeur nutritionnelle, notamment leur teneur en protéines et en acides gras essentiels. Les fibres de cannabis, appelées chanvre, sont utilisées pour la fabrication de cordages, de textiles et de matériaux de construction écologiques.

111 faits incroyables sur les plantes

CONCLUSION

En conclusion, le monde végétal est un domaine fascinant et diversifié qui offre une richesse de formes, de couleurs et de fonctions. Les différentes familles de plantes présentées dans ce livre mettent en lumière l'incroyable variété d'espèces et la multitude d'utilisations que l'humanité a su tirer de ces organismes.

Des arbres fossiles vivants comme le Ginkgo biloba aux plantes épiphytes telles que les orchidées, en passant par les cultures alimentaires de base comme le blé et le maïs, les plantes jouent un rôle essentiel dans notre vie quotidienne et notre environnement. Lesplantes offrent des sources de nourriture, de médicaments, de fibres, d'huiles essentielles et de matériaux de construction pour les humains, tout en constituant un habitat vital et une source de nourriture pour de nombreux animaux. Elles jouent également un rôle crucial dans la régulation du climat, la purification de l'air et la préservation des sols.

Ce livre a pour objectif de susciter la curiosité et l'émerveillement face à la diversité et la complexité du monde végétal. En apprenant davantage sur les différentes espèces de plantes et leurs utilisations, nous pouvons mieux comprendre et apprécier l'interconnexion qui existe entre la nature et notre propre existence. Il est également crucial de prendre conscience de l'importance de préserver la biodiversitévégétale et de favoriser des pratiques agricoles et de gestion des ressources durables pour assurer la pérennité de ces trésors naturels pour les générations futures.

En fin de compte, les plantes sont un témoignage de l'ingéniosité de la nature et une source inépuisable d'inspiration pour la science, l'art, la cuisine et bien d'autres domaines. Puissions-nous continuer à explorer, à préserver et à célébrer le monde merveilleux et précieux des plantes.

111 faits incroyables sur les plantes

VOUS SOUHAITEZ RECEVOIR UN AUTRE 111 FUNFACTS GRATUITEMENT ?

LAISSEZ-NOUS UN COMMENTAIRE ET ENVOYEZ-NOUS UN EMAIL !

Chère Lectrice , Cher Lecteur,

Nous espérons que vous avez pris plaisir à lire notre livre de facts que nous avons soigneusement sélectionnés pour vous. Votre avis compte énormément pour nous et pour notre communauté. Si notre livre vous a inspiré, amusé ou apporté de nouvelles connaissances, nous serions infiniment reconnaissants si vous pouviez prendre quelques instants pour nous laisser un commentaire sur Amazon. Votre soutien est essentiel pour nous aider à partager encore plus de faits fascinants avec le monde !

Pour vous remercier de votre commentaire, nous serions ravis de vous offrir un autre livre de notre collection III Funfacts. Pour recevoir votre livre gratuit, il vous suffit de laisser votre commentaire sur Amazon, puis de nous envoyer un e-mail à contact@funfacts-editions.fr avec une capture d'écran de votre commentaire et votre choix de livre dans notre collection. Assurez-vous de mentionner "Offre Commentaire Amazon" dans l'objet de votre e-mail pour que nous puissions traiter votre demande rapidement.

Votre enthousiasme et votre curiosité nous motivent à poursuivre notre mission de partage de connaissances et de divertissement et nous sommes impatients de lire votre avis !

Avec toute notre gratitude,
L'équipe de FunFacts Éditions